工程实践系列丛书
全国职业教育技能型人才培养规划教材

冷冲压模具实体设计与制造

主　编　宁志良

副主编　梁伟东　翟晓岚　崔晓玲　刘少桐

西南交通大学出版社
·成都·

图书在版编目（CIP）数据

冷冲压模具实体设计与制造 / 宁志良主编. —成都：西南交通大学出版社，2018.1
（工程实践系列丛书）
全国职业教育技能型人才培养规划教材
ISBN 978-7-5643-5960-7

Ⅰ.①冷… Ⅱ.①宁… Ⅲ.①冷冲压－冲模－制模工艺－高等职业教育－教材 Ⅳ.①TG385.2

中国版本图书馆 CIP 数据核字（2017）第 317618 号

工程实践系列丛书
全国职业教育技能型人才培养规划教材
冷冲压模具实体设计与制造

	责任编辑／李　伟
主　编／宁志良	助理编辑／何明飞
	封面设计／墨创文化

西南交通大学出版社出版发行
（四川省成都市二环路北一段 111 号西南交通大学创新大厦 21 楼　610031）
发行部电话：028-87600564　028-87600533
网址：http://www.xnjdcbs.com
印刷：成都中铁二局永经堂印务有限责任公司

成品尺寸　185 mm×260 mm
印张　11　字数　275 千
版次　2018 年 1 月第 1 版　印次　2018 年 1 月第 1 次
书号　ISBN 978-7-5643-5960-7
定价　32.00 元

课件咨询电话：028-87600533
图书如有印装质量问题　本社负责退换
版权所有　盗版必究　举报电话：028-87600562

前　言

本书为广州市中等职业学校精品课程"冷冲压模具实体设计与制造"的开发教材，从培养模具制造实用型、技能型人才出发，应用CAXA实体设计软件的基本概念和主要功能，帮助学生在学习冷冲压模具结构与制造理论知识的同时，制作出模具零件的三维造型，并完成装配设计与动画制作，认识模具的基本结构。通过完成每一个学习任务中模具零件的加工制造、零件检测、模具装配及学习评价，体现职业教育"学中做""做中学"的学习特点，为模具制造技术专业的专业教学打下扎实的基础。

本书以冲裁模具"米奇心形挂坠冲孔落料连续模"实体设计与制造为典型工作任务，从认识冲压制件、模具主要零件介绍到模具装配，共10个学习任务。此外，在学习任务10中，以模具"盖帽落料拉深复合模"实体设计与制造为学习拓展，供学生在后续的课程中学习选用。

本书建议学时为156，其中，学习任务1为6学时，学习任务2、3、4、6和8各为20学时，学习任务5为18学时，学习任务7为8学时，学习任务9和10各为12学时。在教学中既可以采取自主学习方式，也可以采取小组合作方式学习，即各小组分别设置工艺员、编程员和操作员等岗位，共同完成零件加工任务，每组学习完毕后再轮换岗位。

本书由宁志良担任主编，梁伟东、翟晓岚、崔晓玲、刘少桐担任副主编，黄季翔、黎显松、杜森青、冯建财、杨沛、袁晨峰、李壮威参与编写工作。其中宁志良负责编写学习任务1~4并对全书进行统稿，梁伟东负责编写学习任务5，翟晓岚负责编写学习任务6，崔晓玲负责编写学习任务7，刘少桐负责编写学习任务8，黄季翔、黎显松、杜森青负责编写学习任务9，杨沛、冯建财、袁晨峰、李壮威负责编写学习任务10。

由于编者水平有限，书中难免存在不足之处，敬请广大读者批评指正。

编　者

2017年9月

目　录

学习任务 1　认识冲压制件 ·· 1
　　一、知识准备 ··· 2
　　二、制订工作计划 ··· 13
　　三、任务实施 ·· 13
　　四、学习评价 ·· 15
　　五、学习拓展 ·· 17

学习任务 2　认识冲孔落料连续模 ·· 18
　　一、知识准备 ·· 19
　　二、制订工作计划 ··· 29
　　三、任务实施 ·· 29
　　四、学习评价 ·· 36
　　五、学习拓展 ·· 37

学习任务 3　凹模实体设计与制造 ·· 39
　　一、知识准备 ·· 40
　　二、制订工作计划 ··· 48
　　三、任务实施 ·· 50
　　四、学习评价 ·· 53
　　五、学习拓展 ·· 57

学习任务 4　凸模实体设计与制造 ·· 58
　　一、知识准备 ·· 59
　　二、制订工作计划 ··· 64
　　三、任务实施 ·· 65
　　四、学习评价 ·· 68
　　五、学习拓展 ·· 72

学习任务 5　凸模固定板实体设计与制造 ·· 74
　　一、知识准备 ·· 75
　　二、制订工作计划 ··· 75
　　三、任务实施 ·· 77
　　四、学习评价 ·· 82
　　五、学习拓展 ·· 83

学习任务 6　卸料装置实体设计与制造 ·· 84
　一、知识准备 ·· 85
　二、制订工作计划 ·· 85
　三、任务实施 ·· 88
　四、学习评价 ·· 94
　五、学习拓展 ·· 95

学习任务 7　凸模垫板实体设计与制造 ·· 96
　一、知识准备 ·· 97
　二、制订工作计划 ·· 97
　三、任务实施 ·· 97
　四、学习评价 ··· 102
　五、学习拓展 ··· 103

学习任务 8　导料定位装置实体设计与制造 ································· 104
　一、知识准备 ··· 105
　二、制订工作计划 ·· 106
　三、任务实施 ··· 111
　四、学习评价 ··· 121
　五、学习拓展 ··· 122

学习任务 9　模架实体设计与制造 ·· 123
　一、知识准备 ··· 124
　二、制订工作计划 ·· 127
　三、任务实施 ··· 130
　四、学习评价 ··· 138
　五、学习拓展 ··· 139

学习任务 10　模具实体装配与组装 ··· 140
　一、知识准备 ··· 140
　二、制订工作计划 ·· 141
　三、任务实施 ··· 142
　四、学习评价 ··· 145
　五、学习拓展 ··· 147

参考文献 ·· 170

学习任务1 认识冲压制件

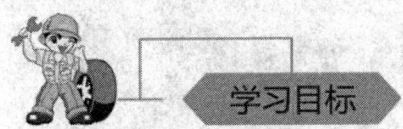

（1）认识冲压制件；
（2）懂得冷冲压加工的概念及特点；
（3）懂得冷冲压加工的工艺分类；
（4）认识冷冲压制件常用的材料；
（5）懂得冲压材料的剪裁方法；
（6）认识常用的冲压设备；
（7）绘制制件的三维实体零件图；
（8）能查阅材料手册，利用课外教材、网络资源等途径查找有效信息。

6学时。

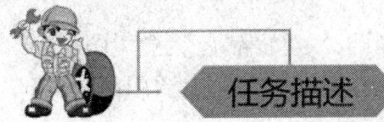

接到客户的订单，要求冲压加工米奇心形挂坠制件（见图 1.1），制件材料为黄铜，厚度为2 mm，大批量生产。现要根据制件的图纸尺寸，制造米奇心形挂坠冲孔落料连续模，以满足订单生产的需要。

图1.1 米奇心形挂坠

一、知识准备

1. 认识身边的冲压件

日常生活中，你是否留意到如图 1.2～1.5 所示的这些物品？

图 1.2　钥匙

图 1.3　食品包装盒

图 1.4　汤匙

图 1.5　水杯

不难看出，这些都是我们每天会用到的生活用品：钥匙（图 1.2）、食品包装盒（图 1.3）、汤匙（图 1.4）、水杯（图 1.5）……它们有什么共同的地方？你还能找出其他生活用品吗？试举举例子。

再看一看下面的图片，如图 1.6～1.12 所示。

图 1.6　圆盘形灯座

图 1.7　圆弧面灯座

图 1.8　各种五金冲压件

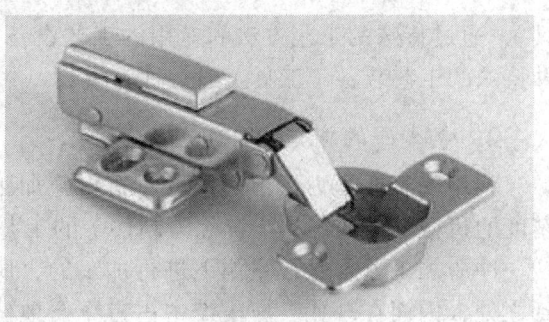

图 1.9　门铰

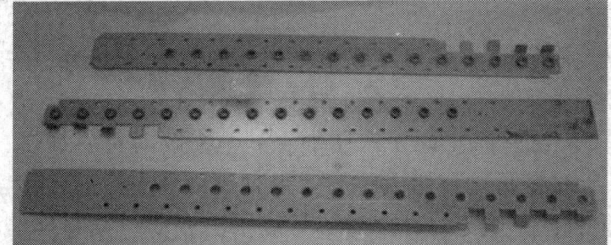

图 1.10　连续模冲压件

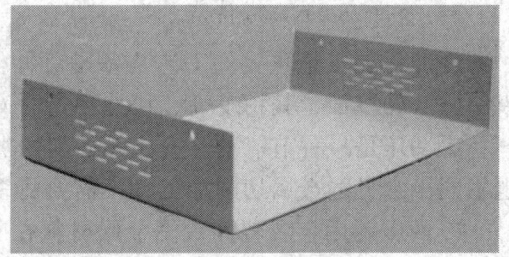

图 1.11　盖板

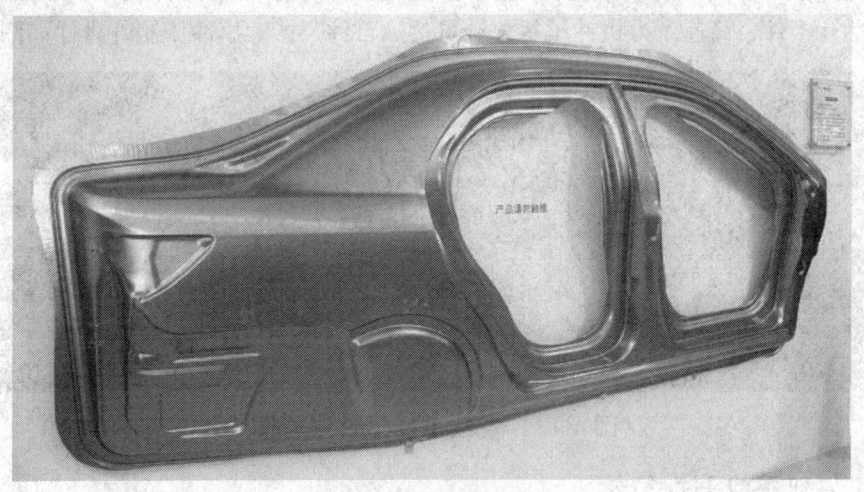

图 1.12　轿车侧壁

同样不难看出，这些都是工业产品中的金属零件，尽管它们形态各异、材料各异、大小各异，但它们都有一些共同点：

（1）零件（制件）的需求量大，生产数量通常不只一件，而需要成千上万件地批量生产；

（2）通常都有各自特殊的形状和尺寸；

（3）同一零件（制件）的形状和尺寸统一，具有"一模一样"的特征，产品质量稳定，互换性好；

（4）零件（制件）具有壁薄、质量轻、形状复杂、表面质量好、刚性好的特点。

要在满足上述特点的情况下生产零件（制件），既要操作简便、生产率高，又要达到生产成本低的要求，使用常规的切削加工方法难以完成，这就需要采用一种特殊的工艺装备（工具)、通过特殊的工艺方法和专用的工艺设备,才能加工出合乎上述特点的零件(制件)。这种特殊的工艺装备(工具)通常称为模具。

2. 冷冲压的概念

利用安装在压力机上的模具对材料施加压力,使材料产生分离或变型,以获得一定几何精度的机械零件或制品(统称为制件)的工艺方法称为冲压加工。

冲压加工通常是在室温下进行加工的,所以称为冷冲压。冷冲压在技术上和经济上有独到之处,因而在现代工业生产中占有重要地位,特别是在汽车、仪器仪表和五金用品中,冷冲压制品占有很大的比例,是机械工业中常见的一种加工方法。

3. 冷冲压加工的特点

冷冲压加工最重要的工艺装备是冷冲模,制件的形状和尺寸精度由模具保证,具有"一模一样"的特征,其精度高、尺寸稳定、互换性好。

冷冲压是一种节能的、少、无切削的加工方法;既不同于锻压加工,不需要对材料加热;也不同于常见的金属切削加工,不需要将多余的金属材料切成碎屑才得到制件。

冷冲压利用金属塑性,使金属材料在外力作用下发生塑性变形,加工出壁薄、质量轻、形状复杂、表面质量好、形状和尺寸精、强度和刚度高的制件(如汽车覆盖件)。

冷冲压生产操作简单,易实现机械化和自动化,生产率高,制件成本低。普通压力机冲压每分钟可达几十件,高速压力机冲压每分钟可达数百件。连续模冲压制件排样如图 1.13 所示。

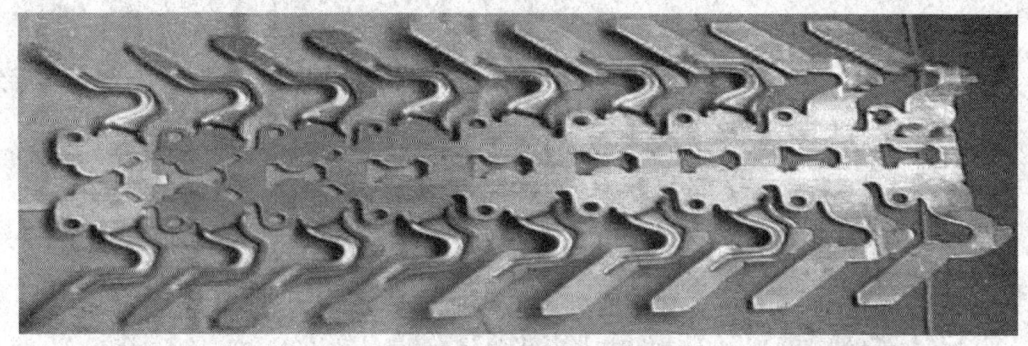

图 1.13　连续模冲压件排样图

4. 冷冲压加工的工艺分类

生产中所采用的冷冲压工艺方法多种多样,概括起来可分为分离工序和成形工序两大类(见表 1.1)。

表 1.1　冷冲压工艺分类

工序方法种类	序号	工序名称	工序简图	工序说明
分离工序	1	切断		将板料沿不封闭的轮廓分离

续表

工序方法种类	序号	工序名称	工序简图	工序说明
分离工序	2	落料		沿封闭的轮廓将制件或毛坯与板料分离（分离出来的是制件）
	3	冲孔		在毛坯或板料上，沿封闭的轮廓分离出废料得到带孔制件（分离出来的是废料）
	4	切边		切去成形制件多余的边缘材料
	5	切口		在毛坯或制件上将板料部分切开，切开部分发生弯曲
成形工序	6	弯曲		将毛坯或半成品制件沿弯曲线弯成一定角度和形状的制件
	7	卷圆		将板料的端部按一定的半径卷圆
	8	拉深		把毛坯拉压成空心体，或者把空心体拉压成外形更小而板厚无明显变化的空心制件
	9	变薄拉深		把空心毛坯加工成侧壁厚度小于毛坯壁厚的薄壁制件

续表

工序方法种类	序号	工序名称	工序简图	工序说明
成形工序	10	翻孔翻边		在预先制好孔的半成品上或未经制孔的板料上冲制出竖立孔边缘的工序,称为翻孔;使毛坯的平面部分或曲面部分的边缘沿一定曲线翻起竖立直边的工序,称为翻边
	11	胀形		胀形是在双向拉应力作用下实现的变形,可以成形各种空间曲面形状的零件
	12	起伏		在板料毛坯或零件的表面上用局部成形的方法制成各种形状的突起与凹陷
	13	扩口		在空心毛坯或管状毛坯的某个部位上使其径向尺寸扩大
	14	缩口		在空心毛坯或管状毛坯的某个部位上使其径向尺寸减小
	15	整形		校正制件成准确的形状和尺寸

5. 常用的冲压材料

冷冲压既可以加工金属材料(各类板材、型材、棒材……),也可以加工非金属材料。常用的冲压材料一般可分为三大类:黑色金属材料、有色金属材料、非金属材料。

(1)黑色金属材料,包括普通碳素钢(Q195,Q235等)、优质碳素钢(08,20,45等)、电工硅钢(D11,D12等)、不锈钢(1Cr13,2Cr13等)。

(2)有色金属材料,包括黄铜板(H62,H68,QSn4-4-2.5)、铝板(L1,L2,L5,LY1,LY2,LY12等)。

(3)非金属材料,包括纸板(各类纸箱等)、木板(拼图玩具等)、橡胶板(密封橡胶垫圈等)、塑料板(标识牌、电路板等)、皮革(匙牌、标识牌等)。

冷冲压所使用的材料大多数是金属板料。要求金属板料不仅能满足冲压件的使用要求,还要满足冲压的工艺要求。具体地说,就是板料应具有良好的冲压成形性能,良好的表面质量、力学性能，厚度应符合国家标准。其中良好的冲压成形性能是指用简便的工艺方法，高效率地利用板材生产出优质冲压件。这是冷冲压对材料的主要要求。

目前，我国的钢材生产已有国家标准GB/T 221—2008，冷冲压零件的材料选用时需对照标准选取。

我们在冷冲压加工过程中都利用到金属材料的一个共同特性，即材料的塑性与塑性变形。

塑性是指固体材料在外力作用下，发生永久变形，而不破坏其完整性的能力。不同材料的塑性不同，如用于制造一般结构零件的Q235冷轧钢板与制造拉伸零件的不锈钢。同一材料在不同的变形条件下，也会出现不同的塑性，如对材料进行加热会改变材料的塑性。

塑性变形：在外载荷（力）作用下物体发生永久性的变形。塑性变形的特点：材料变形不可逆，材料变形伴随有弹性变形，变形前后材料体积基本不变。

6. 冲压材料的剪裁

冷冲压所用金属板料，都是由板料生产厂家供应的、尺寸较大的板材（见图1.14）或成卷的带材（见图1.15），通常需要根据制件排样要求，剪成不同宽度的条料或卷料之后，才能送入冲模中进行冲压加工。因此，剪裁往往是冲压加工的第一道工序——下料工序。

图1.14　板材

图1.15　卷带材

常见的剪切设备有平刃剪床（见图1.16）、斜刃剪床（见图1.17）、圆盘剪切机（见图1.18）和振动剪切机（见图1.19）等，它们的作用是将大尺寸的材料剪切成所需的尺寸。

平刃剪床：上下刃口互相平行，整个刀刃同时与板材接触，需较大的剪切力，剪切质量好，可剪切8 mm以下的平板或经调直的钢板。

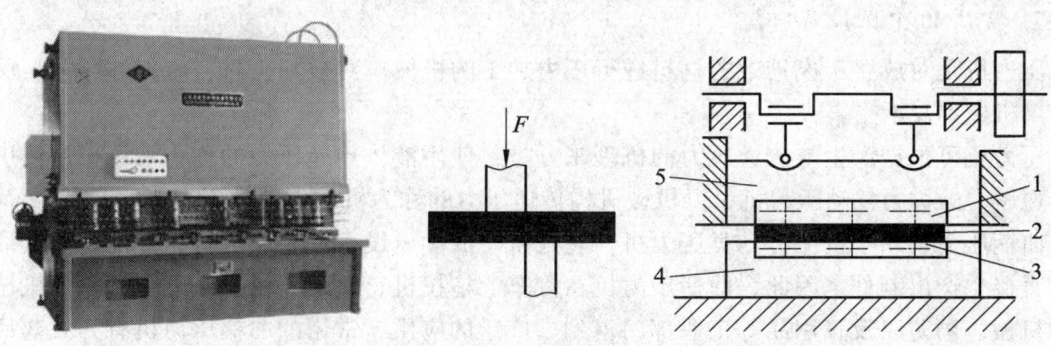

图1.16　液压平刃剪床及平刃剪床剪裁示意图

1—上刀片；2—板材；3—下刀片；4—工作台；5—滑板

斜刃剪床：上刀呈偏斜状态，与下刀成一个夹角（1°~3°），较省力，但剪窄板时条料扭曲较大。

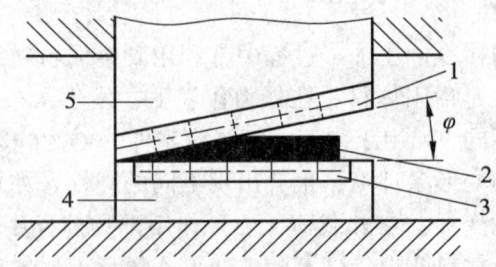

图1.17　斜刃剪床及斜刃剪床剪裁示意图

1—上刀片；2—板材；3—下刀片；4—工作台；5—滑板

圆盘剪切机配以展卷机和卷绕机及其他附属装置，可组成卷材连续剪切条料生产线，用于薄卷料剪切，其使用广泛。

振动剪床多用于小批量特殊尺寸剪料或冲压汽车覆盖件修边，冲剪质量及效率均较低。

图1.18　圆盘剪切机　　　　图1.19　振动剪床

7. 常用的冲压设备

压力机是对放置于模具中的材料进行压力加工的机械。对被加工材料施加冲压力，反作用力由机械本身承受。

压力机可根据产生与传递压力的机理来分类：使用液体传递压力的称为液压机；使用气体传递压力的称为气动压力机；以机械机构传递压力的称为机械传动类压力机。

曲柄压力机属于机械传动类压力机，它是重要的冲压设备。它能进行各种冲压和模锻工艺，直接生产出制件。因此，曲柄压力机在汽车、拖拉机、电器、仪表、电子、医疗机械、动力机械、国防以及日用品等工业部门得到了广泛的应用。常用的曲柄压力机有开式双柱可倾式压力机（见图1.20）、闭式压力机（见图1.21）、固定台式压力机（见图1.22）、升降台式压力机（见图1.23）。

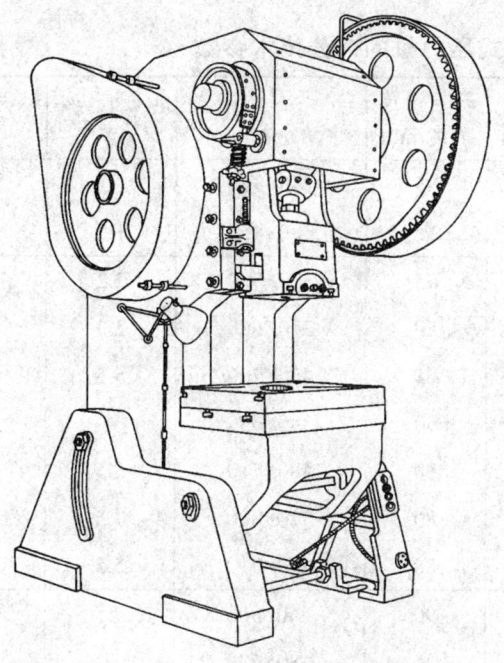

图 1.20　开式双柱可倾式压力机

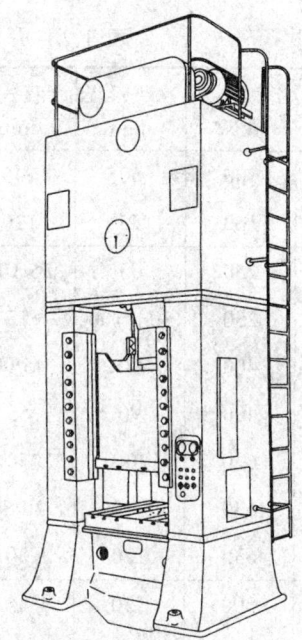

图 1.21　闭式压力机

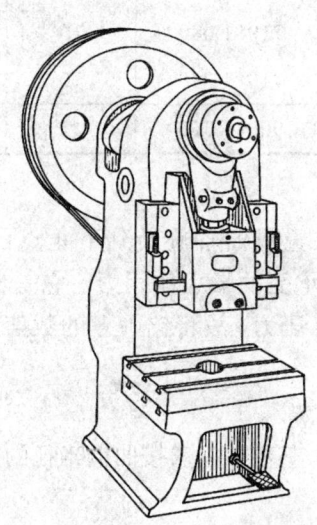

图 1.22　固定台式压力机

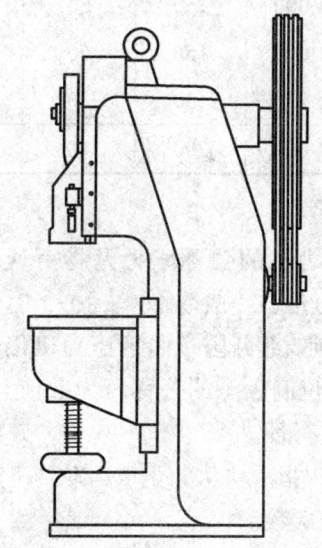

图 1.23　升降台式压力机

（1）开式双柱可倾式压力机的规格型号。

开式双柱可倾式压力机应用较为广泛，常用的规格型号见表 1.2。

（2）主要参数解析。

曲柄压力机的主要参数是反映一台压力机的工作能力、可安装模具高度范围，以及有关生产率等技术指标。

表1.2 开式双柱可倾式压力机的部分技术参数

型号	公称压力 /kN	滑块行程 /mm	行程次数 /min	最大闭合高度/mm	连杆调节长度/mm	工作台尺寸前后×左右/mm×mm	电动机功率/kW	模柄孔尺寸/mm
J23-10A	100	60	145	180	35	240×360	1.1	φ30×50
J23-16	160	55	120	220	45	300×450	1.5	
J23-25	250	65	55/105	270	55	370×560	2.2	
JD23-25	250	10~100	55	270	50	370×560	2.2	
J23-40	400	80	45/90	330	65	460×700	5.5	
JC23-40	400	90	65	210	50	380×630	4	φ50×70
J23-63	630	130	50	360	80	480×710	5.5	
JB23-63	630	100	40/80	400	80	570×860	7.5	
JC23-63	630	120	50	360	80	480×710	5.5	
J23-80	800	130	45	380	90	540×800	7.5	
JB23-80	800	115	45	417	8	480×720	7	
J23-100	1 000	130	38	480	100	7 101×080	10	
J23-100A	1 000	16~140	45	400	100	600×900	7.5	φ60×75
JA23-100	1 000	150	60	430	120	710×1 080	10	
JB23-100	1 000	150	60	430	120	710×1 080	10	
J23-125	1 250	130	38	480	110	710×1 080	10	
J13-160	1 600	200	40	570	120	900×1 360	15	φ70×80

① 公称压力。

曲柄压力机的公称压力是指滑块到下止点前某一位置或曲轴旋转到下止点前某一角度（此角称压力角，一般取 20°~30°）时，滑块上所能容许承受的最大作用力，它是压力机的主要参数。目前，部分国产曲柄压力机仍以"吨"表示其公称压力，故将铭牌上的数值乘以 10 kN 才是国际单位制表示的公称压力数值。

② 滑块行程。

滑块行程指滑块从上止点运动到下止点所经过的距离，其数值一般按曲柄半径的两倍计算。

③ 行程次数。

行程次数指滑块每分钟从上止点运动到下止点，然后再回到上止点所往复的次数。显然行程次数越高，压力机的生产率也越高。

④ 连杆调节长度。

连杆调节长度又称装模高度调节量。曲柄压力机的连杆通常做成两部分，使其长度可以调整。通过改变连杆长度而改变压力机闭合高度，以适应不同闭合高度模具的安装要求。

⑤ 闭合高度。

闭合高度指滑块在下止点位置时，滑块下端面到工作台上表面之间的距离。当连杆调节到最短时，压力机闭合高度达到最大值，可以安装的模具的闭合高度值最大；当连杆调节到最长时，滑块处于最低位置，压力机闭合高度达到最小值，可以安装的模具的闭合高度值最小。压力机的最大闭合高度减去连杆调节长度，即得到压力机最小闭合高度。目前有些厂家生产的压力机的闭合高度是指滑块下表面与工作垫板上表面之间的距离，两者定义相差一工作垫板高度，使用时要认真阅读机床说明书。

⑥ 工作台板及滑块底面尺寸。

它是指压力机工作空间的平面尺寸。工作台板（垫板）的上平面（安装下模部分），用"左右×前后"的尺寸表示，如图1.24所示中的$L×B$。滑块下平面，也用"左右×前后"的尺寸表示，如图1.24所示中的$a×b$。闭式压力机，其滑块尺寸和工作台板的尺寸大致相同，而开式压力机滑块下平面尺寸小于工作台板尺寸。因此，开式压力机所用模具尺寸要依滑块底面尺寸而定。不过，许多开式压力机，滑块在上止点时，其底面仍低于导轨，这样就可以安装比滑块底面大的上模。这种情况虽然使用方便，但产品精度会受一定的影响。

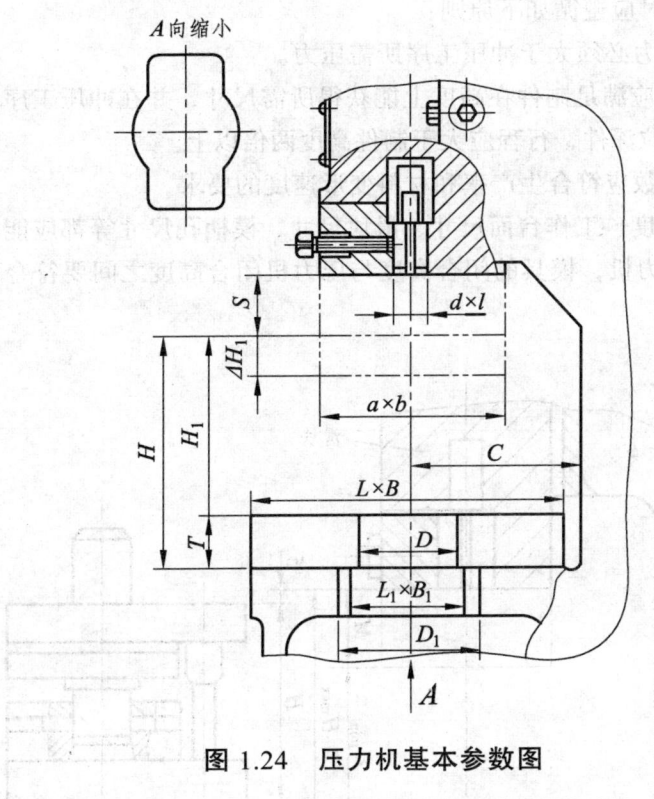

图1.24 压力机基本参数图

⑦ 工作台孔尺寸。

工作台孔尺寸$L_1×B_1$（左右×前后）、D_1（直径），如图1.24所示，用作排除工件或废料以及安装顶出装置。

⑧ 立柱间距和喉深。

立柱间距是指双柱式压力机立柱内侧面之间的距离。对于开式压力机，其值主要关系到向后侧排料或出件机构的安装。对于闭式压力机，其值直接限制了模具和加工板料的最宽尺寸。

喉深是开式压力机特有的参数，它是指滑块的中心线至机身的前后方向距离，如图1.24

所示中的 C。喉深与压力机机身的刚度有关直接限制了加工件的尺寸。

⑨ 模柄孔尺寸。

模柄孔尺寸 $d×l$ 是"直径×孔深"，冲模模柄尺寸应和模柄孔尺寸相适应。大型压力机没有模柄孔，而是开设 T 形槽，以 T 形槽螺钉紧固上模。

（3）冲压设备的选用。

冲压设备主要从压力机的类型和规格两个方面进行选择。

① 类型选择。

冲压设备类型较多，其刚度、精度、用途各不相同，应根据冲压工艺的性质、生产批量、模具大小、制件精度等正确选用。一般生产批量较大的中小制件多选用操作方便、生产效率高的开式曲柄压力机；生产洗衣桶这样的深拉深件，最好选用有拉深垫的拉深油压机；而生产汽车覆盖件则最好选用工作台面宽大的闭式双动压力机。

② 规格选用。

确定压力机的规格时应遵循如下原则：

a. 压力机的公称压力必须大于冲压工序所需压力。

b. 压力机滑块行程应满足制件在高度上能获得所需尺寸，并在冲压工序完成后能顺利地从模具上取出来。对于拉深件，行程应大于制件高度两倍以上。

c. 压力机的行程次数应符合生产率和材料变形速度的要求。

d. 压力机的闭合高度、工作台面尺寸、滑块尺寸、模柄孔尺寸等都应能满足模具的正确安装要求。对于曲柄压力机，模具的闭合高度与压力机闭合高度之间要符合以下公式（公式中字母含义见图 1.25）。

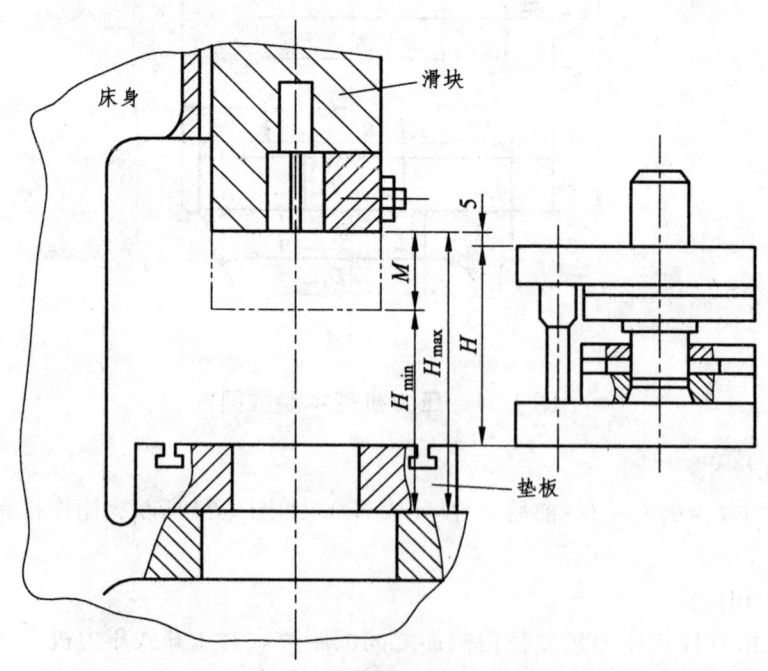

图 1.25 模具的闭合高度与压力机闭合高度的关系

$$H_{max} - 5 \text{ mm} \geqslant H + h \geqslant H_{min} + 10 \text{ mm}$$

式中　H——模具的闭合高度（mm）；

　　　H_{max}——压力机的最大闭合高度（mm）；

　　　H_{min}——压力机的最小闭合高度（mm）；

　　　h——压力机的垫板厚度（mm）。

e. 工作台尺寸一般应大于模具下模座 50~70 mm，以便于安装；垫板孔径应大于制件或废料的投影尺寸，以便于漏料；模柄尺寸应与模柄孔尺寸相符。

压力机的闭合高度、工作台面尺寸、滑块尺寸、模柄孔尺寸等都应满足模具的正确安装要求。

二、制订工作计划

审阅分析米奇心形挂坠制件图，绘制制件的三维实体零件图；认识冷冲压加工的概念及特点等基础知识，制订制件冲压加工工艺，为模具加工制造做准备。

三、任务实施

分析米奇心形挂坠制件结构特征、设计和加工基准、尺寸及公差、形位公差、冲压材料等技术要求，绘制制件的三维实体零件图；认识冷冲压加工的概念、特点、冲压加工工艺、冲压材料等基础知识，制订制件冲压加工工艺。

作业练习1：根据图1.26所示设计图纸，构建冲裁制件实体模型。

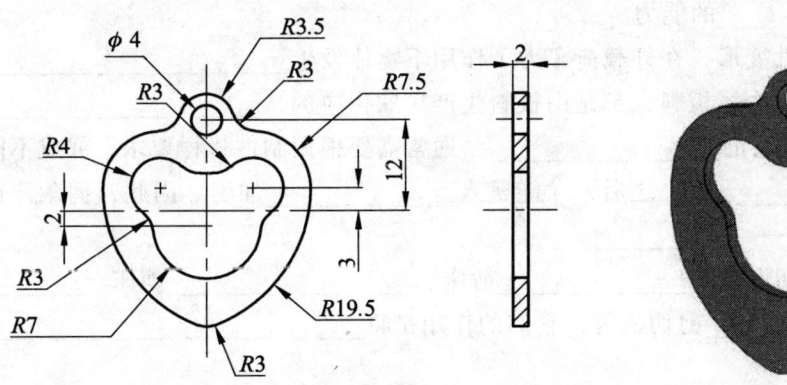

图1.26　冲裁制件及实体模型

作业练习2：填空。

（1）米奇心形挂坠制件选用材料_____，厚度_____mm。

（2）利用安装在压力机上的模具对材料_____，使材料产生_____，以获得一定几何精度的_____（统称为制件）的工艺方法称为_____。

（3）冲压加工通常是在室温下进行加工的，所以称为_____。

（4）在汽车、仪器仪表和_____中，冷冲压制品占有很大的比例，是机械工业中常见的一种_____。尽管它们_____各异、_____各异、大小各异，但它们都有一些共同点：零件（制件）的需求量大，_____一件，而是_____地批量生产；通常都有各自特殊的_____；同一零件（制件）的形状和尺寸统一，具有"_____"的特征，产品_____；零件（制件）具有壁薄_____、形状复杂、_____。

（5）冷冲压加工最重要的工艺装备是冷冲模，制件的形状和尺寸精度由模具保证，具有"_____"的特征，其_____高、_____稳定、_____好。

（6）冷冲压是一种节能的_____的加工方法，既不同于锻压加工，不需要对材料_____；也不同于常见的金属_____加工，不需要将_____金属材料切成_____才得到制件。

（7）冷冲压生产操作简单，易实现机械化和自动化，生产率高，制件成本低。_____冲压每分钟可达几十件，_____冲压每分钟可达数百件。

（8）冷冲压工艺方法多种多样，概括起来可分为分离工序和成形工序两大类。其中分离工序有：_____、_____、_____、_____、切口；成形工序有：_____、_____、_____、_____、_____、胀形、_____、_____、_____、_____、整形。

（9）冷冲压既可以加工金属材料（各类_____、_____、_____……），也可以加工非_____。常用的冲压材料一般可分为三大类：_____、有色金属板料、_____。

（10）材料的塑性，是指固体材料在外力作用下，发生_____，而不破坏其_____的能力。

（11）材料的塑性变形，在外载荷（力）作用下物体发生_____的变形。

（12）冷冲压所用金属板料，都是由板料生产厂家供应的、_____较大的_____或成卷的_____，通常需要根据制件排样要求，剪成不同宽度的_____或_____之后，才能送入_____加工。因此，剪裁往往是冲压加工的第一道工序——_____。

（13）常见的剪切设备有_____剪床、_____剪床、_____剪切机和_____剪切机等，它们的作用是将_____剪切成所需的尺寸。

（14）压力机是_____进行压力加工的机械。对被加工材料施加_____，反作用力由_____承受。

（15）常用的曲柄压力机有_____压力机、_____压力机、固定_____压力机、升降_____压力机。

（16）曲柄压力机的主要参数有：_____、_____、行程次数、_____、工作台板及滑块底面尺寸、_____、_____。

（17）制造米奇心形挂坠制件的冲压工序有_____工序、_____工序。

作业练习3：选择车间一台曲柄压力机，将压力机主要技术参数记录在表1.3中。

表1.3 压力机主要技术参数

压力机型号			
主要技术参数表			
序号	项目	单位	参数
1	公称力		
2	滑块行程		
3	行程次数		
4	最大封闭高度		
5	装模高度调节量		
6	滑块中心至机身距离		
7	工作台尺寸 左右		
	工作台尺寸 前后		
8	工作台孔尺寸 左右		
	工作台孔尺寸 前后		
	工作台孔尺寸 直径		
9	滑块底面尺寸 左右		
	滑块底面尺寸 前后		
10	模柄孔尺寸 直径		
	模柄孔尺寸 深度		
11	立柱间距离		
12	工作台板厚度		
13	工作台板孔直径		
14	电动机 型号		
	电动机 功率		
	电动机 转速		

四、学习评价

完成冲压基础知识学习后，对本学习过程进行综合小结评价，并填写学习评价表（见表1.4）。

表1.4 学习评价表

班级		姓名		学号		日期	
任务名称							
自我评价	1	遵守安全规则，着装、劳动防护规范				□是	□否
	2	安全、文明生产				□是	□否
	3	利用课外教材、网络资源等途径查找有效信息				□是	□否
	4	完成制件的实体建构				□是	□否
	5	参与小组的讨论				□是	□否
	6	参与讨论制件的冲压加工工艺				□是	□否
	7	参与完成压力机参数记录任务				□是	□否
	8	完成工作页的填写				□是	□否
	9	完成小组分配的任务				□是	□否
	10	学习效果自评等级：□优　□良　□中　□合格　□不合格					
	11	总结与反思：					
小组评价	12	遵守课堂纪律			□优　□良　□中　□其他		
	13	安全意识与安全操作					
	14	能积极配合小组成员完成工作任务					
	15	在小组讨论中能积极发言					
	16	能够清晰表达自己的观点					
	17	在工作中的表现					
	18	对自己的客观评价					
	19	学习效果小组评等级：□优　□良　□中　□合格　□不合格					
	20	小组综合评价：					
教师评价	21	学习效果教师评等级：□优　□良　□中　□合格　□不合格					
	22	教师综合评价：					

教师签名：　　　　　年　月　日

五、学习拓展

查找身边 5 件有代表性的冷冲压物品,完成下列工作:
(1)写出物品的名称、材料,描述这些制件的作用。

(2)分析制造这些制件的冲压工艺类型。

(3)选取其中 1~2 件进行测量,草绘制件的零件图。

学习任务2　认识冲孔落料连续模

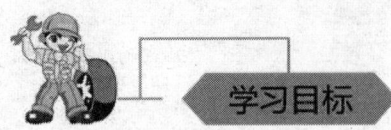

（1）根据模具工作特点认识冲孔落料连续模类型；
（2）根据冷冲压模具实物或模型，说出模具各组成部分及其作用；
（3）根据冷冲压模具实物或模型，懂得模具的工作原理；
（4）按模具图纸构建制件排样实体模型；
（5）根据模具的零件图、装配图制订备料尺寸；
（6）能根据模具制造要求及设备情况，讨论并制订工作计划，确定制造步骤。
（7）能根据模具的零件图，制订模具零件的加工工艺及所用加工设备；
（8）能利用课外教材、网络资源等途径查找有效信息。

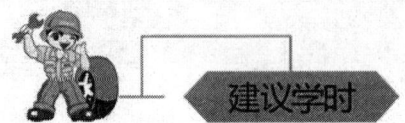

20学时。

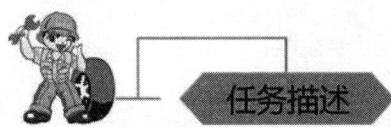

接到客户的订单，制造一套米奇心形挂坠冲孔落料连续模（见图2.1），用于大批量冲压加工米奇心形挂坠制件，以满足生产的需要。

图2.1　冲孔落料连续模

一、知识准备

1. 冲裁模的分类

冲裁模按工序性质、工序组合来分类,一般分为单工序冲裁模、复合冲裁模、级进冲裁模(连续冲裁模)。

(1)单工序冲裁模。

如图 2.2 所示的单工序冲裁模,在压力机滑块每次行程中只能完成同一种冲裁工序。此模主要由上模座、下模座、导柱、导套、凸模、凹模及弹压装置等辅助装置组成。模具结构简单,制造方便,成本低廉,但不能精确保证外形与内孔的位置精度,且生产率低。

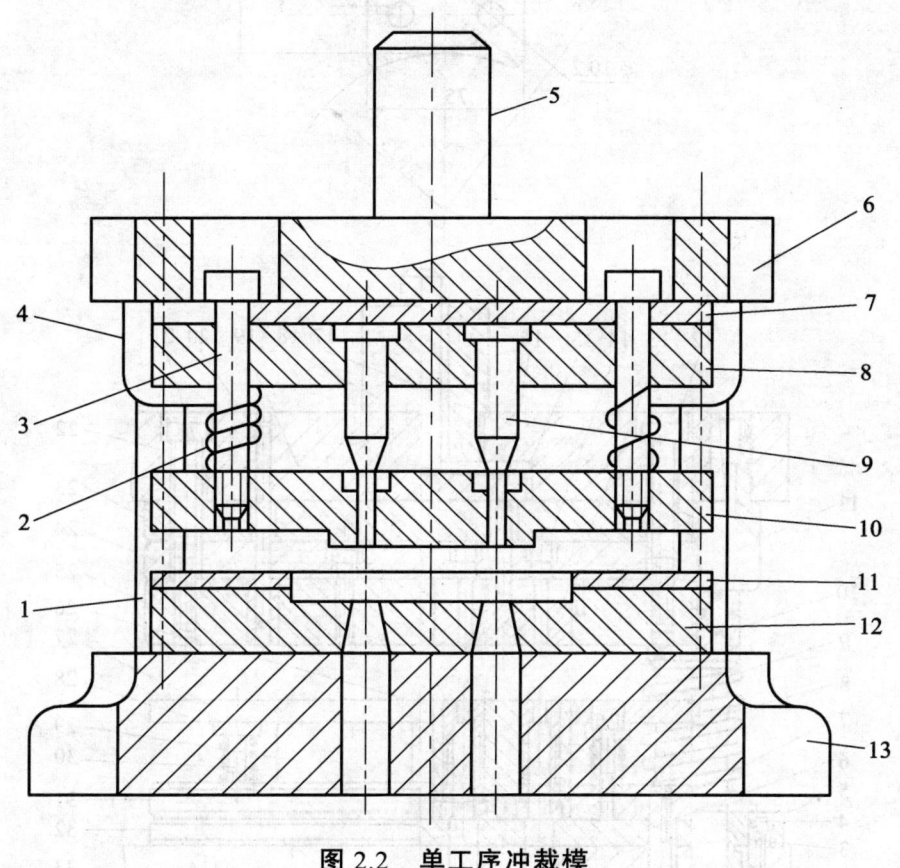

图 2.2 单工序冲裁模

1—导柱;2—弹簧;3—卸料螺钉;4—导套;5—模柄;6—上模座;7—垫板;8—凸模固定板;9—凸模;
10—卸料板;11—定位板;12—凹模;13—下模座

(2)复合冲裁模。

复合冲裁模是多工序模,压力机滑块每往复一次,便可使板料在模具同一位置上完成两个或两个以上的冲裁工序(见图 2.3)。此类模具的结构特征是:有一个既为落料凸模又同时作冲孔凹模的零件,故称为凸凹模。当滑块向下运动时,一个或几个凸模(凹模)同时或先后很接近地分层工作,完成落料和冲孔工序。

复合冲裁模根据落料凹模安装的位置,可分为两种。落料凹模安装在下模上时,称为正装式复合模；安装在上模上时，称为倒装式复合模，图2.3所示即为倒装式复合模。正装式复合冲裁模冲的制件较为平整，一般用于直线度和平面度要求高但冲裁时容易弯曲的薄料。而倒装式复合冲裁模由于克服了正装式复合冲裁模操作中的不方便、不安全等缺陷，因而得到了极其广泛的应用。

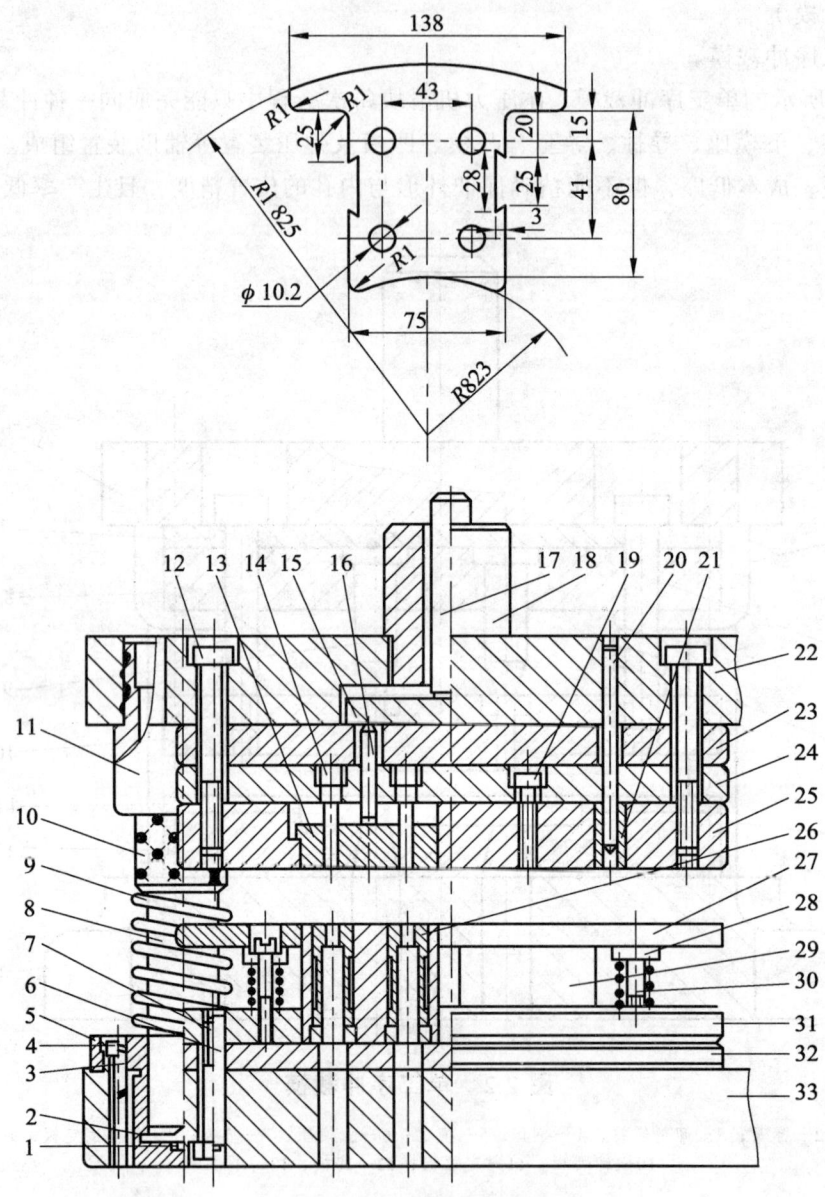

图2.3 磁极复合冲裁模

1，4，7，12，19—螺钉；2—垫圈；3，6，20—圆柱销；5—衬套；8—导柱；9—弹簧；10—钢球保持圈；11—导套；13—推件块；14—冲孔凸模；15—推板；16—连接推杆；17—打杆；18—模柄；21—衬套；22—上模座；23，32—垫板；24—凸模固定板；25—凹模；26—凸凹模镶件；27—卸料板；28—弹簧挡圈；29—凸凹模；30—卸料螺钉；31—固定板；33—下模座

复合冲裁模的优点是结构紧凑，制件精度高，特别是制件内外轮廓的位置精度高；缺点是加工、装配困难，制造周期长，生产成本高。

（3）级进冲裁模（连续冲裁模）。

级进冲裁模在条料送进方向上具有两个以上的工位，并在压力机一次行程中，在不同的工位上完成两道或两道以上的冲裁工序（见图2.4、图2.5）。把条料按一定程序步进送进，在几对或几十对凸模及凹模的作用下，累计完成冲孔、落料等几道或几十道工序。此类模具克服了前述两类模具的缺点，发挥了优点，因此，当前在国内、国外广为推广应用。级进模又名连续模、跳步模或顺序模等。

板料在级进模中的定位是一个关键问题，一般常采用两种方法。

第一种如图2.4所示，板料的定位采用挡料销与导正销相结合来实现。工作时，板料借助于凹模上平面、导料板内侧面及始用挡料销进行定位，以实现冲孔。然后板料步进并将孔套在导正销上（确保已冲孔与外形的相对位置）实现落料（一条板料只使用一次始用挡料销）。导正销定位法适用于制件精度要求不高、材料厚度较厚的场合。

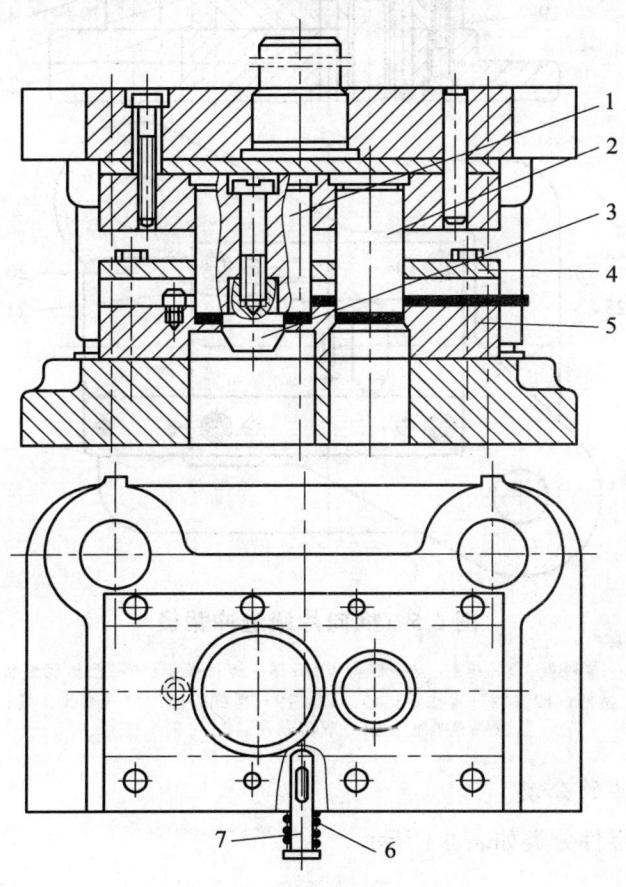

图2.4 垫圈级进冲裁模

1—落料凸模；2—冲孔凸模；3—导正销；4—卸料板；5—凸模；6—弹簧；7—始用挡料销

第二种如图2.5是加工薄板所采用的导料板与定距侧刃相结合的定位方案。定距侧刃定位法是目前级进模常用的方法，它具有操作方便，定位准确，生产率高三大优点。缺点是会造成工艺废料的增加。

级进式模具的优点是生产率高，制件精度高，操作方便，便于实现冲压自动化；缺点是模具结构尺寸较大。

合理地确定冲裁模的类型十分重要。一般可根据制件生产批量、精度要求及结构特征（如型腔壁厚等），模具制作的设备状况及工艺水平，操作工人的安全，以及经济性等因素进行论证分析后选用。

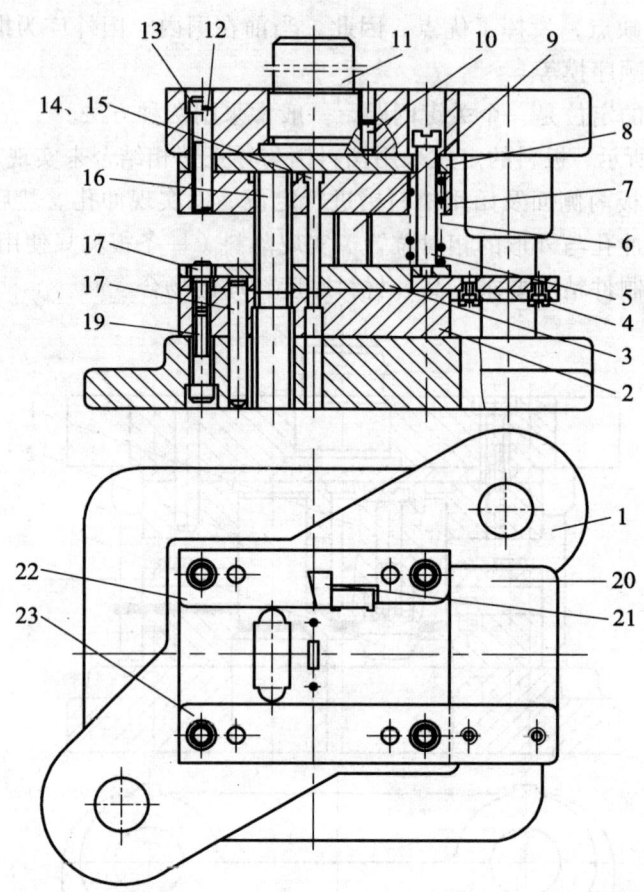

图 2.5 换向片级进冲裁模

1—下模座；2—凹模；3—卸料板；4—螺钉；5—卸料螺钉；6—卸料弹簧；7—凸模固定板；8—垫板；9—侧刃；10—防转销；11—模柄；12，18—圆柱销；13，17，19—螺钉；14，15—冲孔凸模；16—落料凸模；20—承料板；21—侧刃挡块；22—导料板

2. 冲裁模具零件的分类

常见的冲裁模具零件分类如表 2.1 所示。

3. 排样设计

冲裁件在条（带）料上的布置排列方法称为排样。排样设计是模具结构设计的重要环节，对模具结构设计起决定性作用。

排样图是在排样设计时，既表达排样方式，又用阴影线说明模具类型（单工序模、复合模、级进模），还能说明零件的成形过程、定距方式（有侧刃定距的要画出侧刃冲切条料的位置），且标有搭边、步距、料宽及料宽公差，有时还标有纹向的图形。

表 2.1　冲裁模具零件的分类

按性质分类	按用途分类	零件名称
工艺零件	工作零件	凹模
		凸模
		凹凸模
	定位零件	挡料销
		始用挡料装置
		导正销
		定位销、定位板
	定位零件	导料板
		侧压板
		侧刃、侧刃挡块
		承料板
	卸料及压料零件	打杆、推杆、推板
		卸料板、推料板
		弹顶器
		压料板、承料板
结构零件	固定零件	上、下模座
		模柄
		凸、凹模固定板
		垫板
	导向零件	弹压导板
		导柱
		导套
		滑板
	其他零件	斜楔
		滑块

　　排样设计以排样图为基础，根据冲件的精度、质量要求，达到提高材料利用率，降低成本，操作方便，生产率高的要求。

冲裁排样可分为两大类：第一类是从废料角度来分，可分为有废料排样、少废料排样和无废料排样三种；第二类按制件排列形式来分，可分为直排法、斜排法、对排样、混合排法、多排法和冲裁搭边 6 种，如表 2.2 所示。

表 2.2　排样形式分类表

排样形式	有废料排样	少废料排样和无废料排样
直排	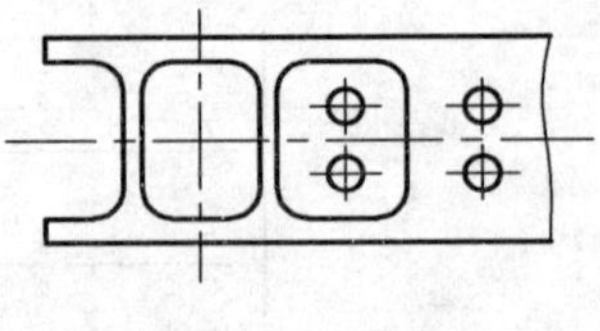	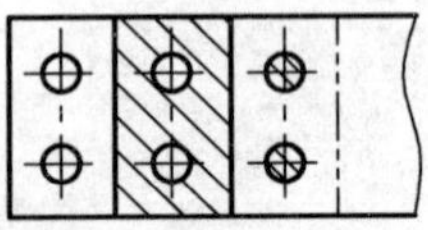
斜排	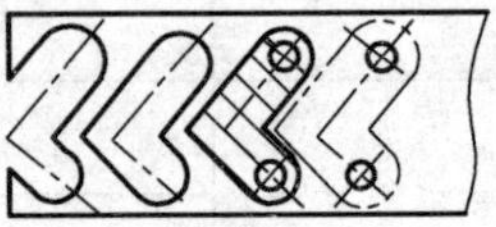	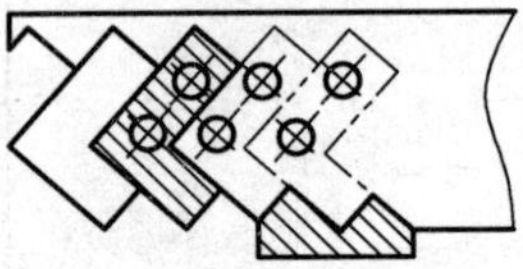
对排	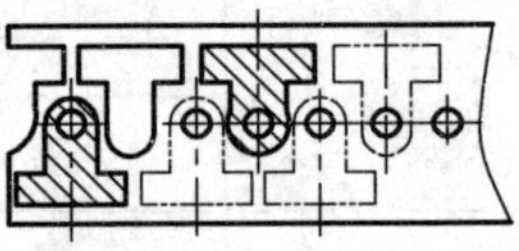	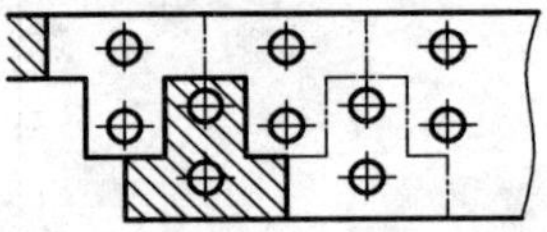
混合	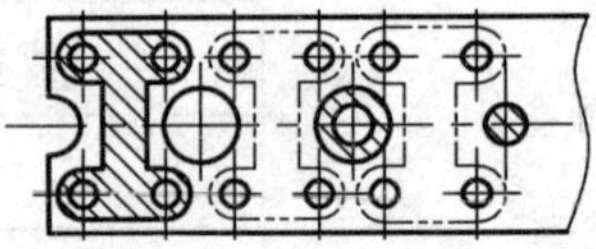	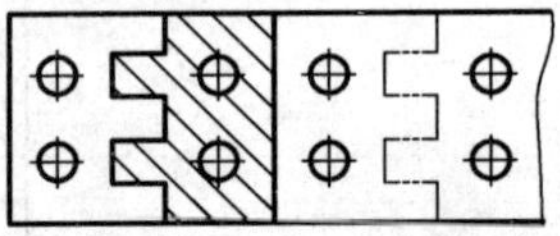
多排	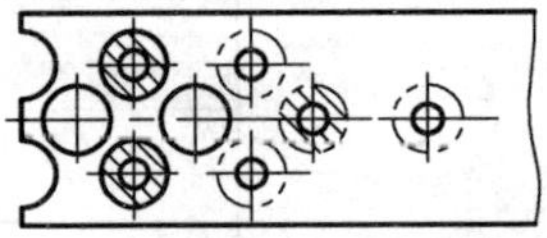	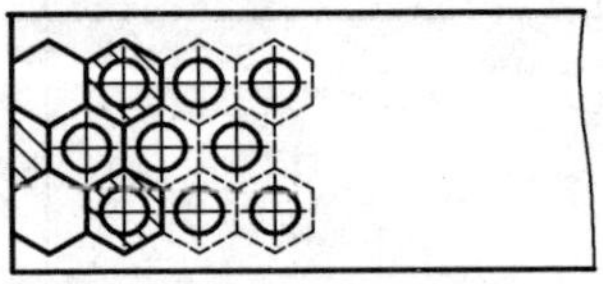
冲裁搭边	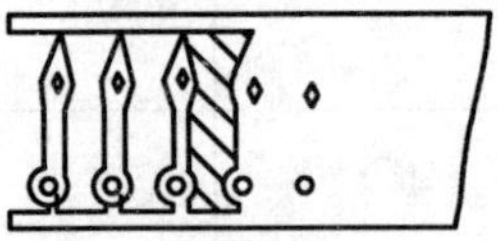	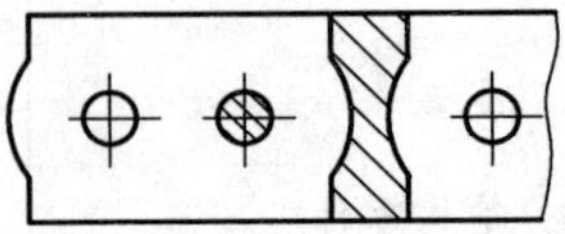

4. 工艺废料的确定

工艺废料主要指冲裁时的搭边余料。排样时，制件与制件间，制件与条（板）料边缘之间的余料称为搭边。搭边虽然是废料，但在冲压工艺上有很大的作用：第一能补偿定位误差，保证冲出合格制件；第二能保持条料的刚性，便于送料。

搭边值的大小取决于制件的形状、材质、料厚及板材下料方法。搭边值太小，虽可提高材料的利用率，但将造成送料不易正确、制件尺寸精度差、圆角带增大、侧压力左右不同、凸模弯曲变形、模具寿命短等问题。因此，正确选择搭边值也是模具设计中不可忽视的问题。普通冲裁的板材下料搭边值由经验确定，见表 2.3。

表 2.3　普通冲裁的板材下料搭边值

料厚	a	b	c	d
0.3	1.4	2.3	1.4	2.3
0.5	1.0	1.8	1.0	1.8
1.0	1.2	2.0	1.2	2.0
1.5	1.4	2.2	1.4	2.2
2.0	1.6	2.5	1.6	2.5
2.5	1.8	2.8	1.8	2.8
3.0	2.0	3.0	2.0	3.0
3.5	2.2	3.2	2.2	3.2
4.0	2.5	3.5	2.5	3.5
5.0	3.0	4.0	3.0	4.0

5. 材料利用率的计算

（1）条料宽度尺寸的确定。

① 有侧压装置：$B = (L+2a)_{-\Delta}^{0}$；

② 无侧压装置：$B = (L+2a+c)_{-\Delta}^{0}$；

③ 采用侧刃：$B = (L+1.5a+nF)_{-\Delta}^{0}$。

式中　L——制件垂直于送料方向的基本尺寸（mm）；

　　　Δ——条料的宽度公差；

　　　n——侧刃数；

　　　a——侧面搭边值；

　　　F——侧刃裁切的条料的切口宽；

　　　c——送料保证间隙：$B \leqslant 100$，$c = 0.5 \sim 1.0$；$B > 100$，$c = 1.0 \sim 1.5$。

（2）材料利用率的计算。

制件的实际面积与板料面积的百分比称为材料利用率，一般用 N 表示。

冲压工艺中，通常采用一个进距的条料面积（A）与此单位面积内所得到的制件面积（A_0）的百分比来表示材料利用率。

$$N = A_0/A \times 100\%$$

冲压生产中，通常采用一个条料的面积（B）与此条料内所得到的制件面积和（B_0）的百分比来表示材料利用率。

$$N = B_0/B \times 100\%$$

6. 总冲裁力的计算

（1）制件冲裁力的计算。

冲裁时材料对凸模的最大抵抗力称为冲裁力。它是选择冲压设备和检验模具强度的一个重要依据。冲裁力的大小与材质、料厚、冲裁周边长度、刃口间隙及形状有关。平刃冲模的冲裁力计算如下：

$$F_{冲} = KLt\tau_0$$

式中　L——冲裁周边长度（mm）；
　　　K——安全系数，$K = 1.3$；
　　　t——材料厚度（mm）
　　　τ_0——材料的抗剪强度，常用材料的抗剪强度如表 2.4 所示。

表 2.4　常用材料的抗剪强度

材料	τ_0/MPa
纯铁	250～320
软钢	320～400
硬钢	550～900
硅钢	540～560
不锈钢	520～560
硬铜	250～300
软铜	180～220
硬质黄铜	350～400
软质黄铜	220～300
磷青铜	500
锌白铜	440
硬铝	130～180
软铝	70～110
硬铝合金	380
软铝合金	220
铝	200～300
铍莫合金	520

（2）降低冲裁力的措施。

如果按上式计算所得的冲裁力大于工厂所有设备的公称压力，不能满足冲压工艺的需要，或者虽然满足但需要减少冲击振动和噪声，可采用斜刃冲裁、阶梯冲裁和加热冲裁等方法。

① 斜刃冲裁。如图 2.6 所示，它是减小冲裁力的有效方法之一，但在生产实践中使用不

广。为了得到平整的制件,斜刃开设的方向性是斜刃冲压的核心。落料时,斜刃应开设在凹模上[见图 2.6(a)],凸模为平刃;冲孔时,凸模为斜刃[见图 2.6(b)],凹模为平刃。除此以外,斜刃开设还应保持平衡和对称。

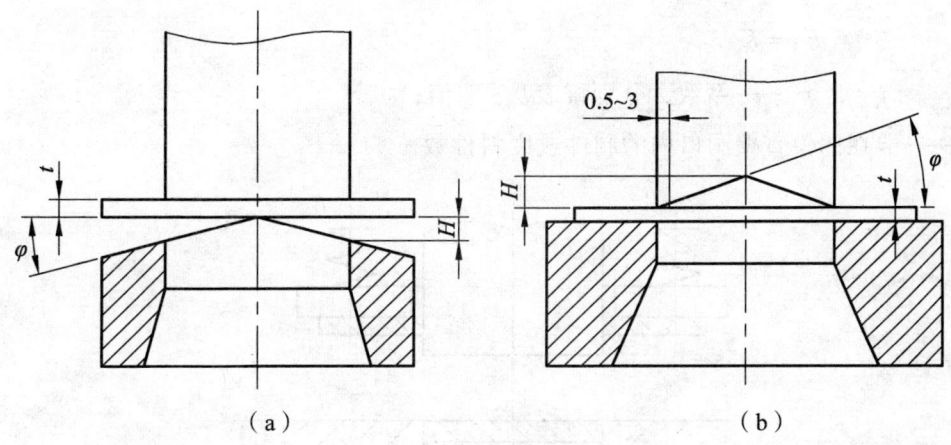

图 2.6 斜刃冲裁

② 阶梯冲裁。在同一副模具上将多个凸模做成不同的高度,如做成阶梯形式(见图 2.7),便可分散全部凸模同时压下时的冲裁力,从而降低冲裁力,减少冲击振动。由于凸模先后冲裁,所以设计时应特别注意平衡和金属的流动方向。

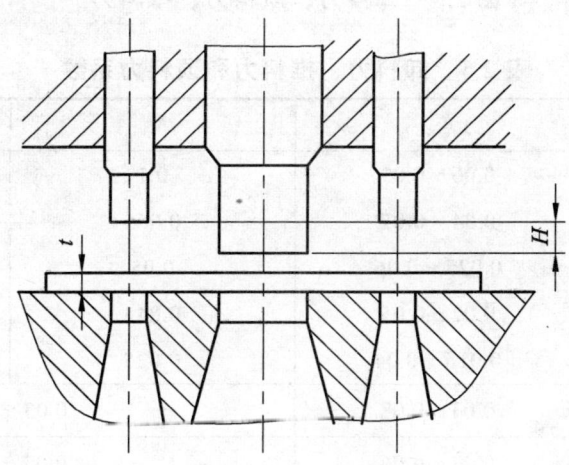

图 2.7 阶梯冲裁

凸模阶梯高度 H 与料厚有关:当料厚 $t \leqslant 3$ mm 时,$H=t$;当 $t>3$ mm 时,$H=t/2$。

阶梯冲裁时,应该以冲裁过程中冲裁力最大层的冲裁力之和作为选择压力机的依据。

③ 加热冲裁。它是一种先对材料加热,使其抗剪强度显著降低以减少冲裁力的方法,工厂中俗称"红冲"。其冲裁力的计算与平刃冲裁计算相同。

(3)卸料力、顶料力、推料力的计算。

如图 2.8 所示,冲裁完毕,从凸模或凸凹模上将制件或废料卸下来所需要的力称为卸料力;从凹模内顺冲裁方向将制件或废料推出所需要的力称为推料力;从凹模内逆冲裁方向将制件从凹模孔内顶出的力称为顶料力。上述三种力分别采用下列经验公式计算：

$$F_卸 = K_卸 F_冲$$

$$F_推 = K_推 F_冲 N$$

$$F_顶 = K_顶 F_冲$$

式中　$K_卸$，$K_推$，$F_顶$——系数，分别按表 2.5 取值；

　　　N——卡在凹模直壁洞口内的制件或废料件数。

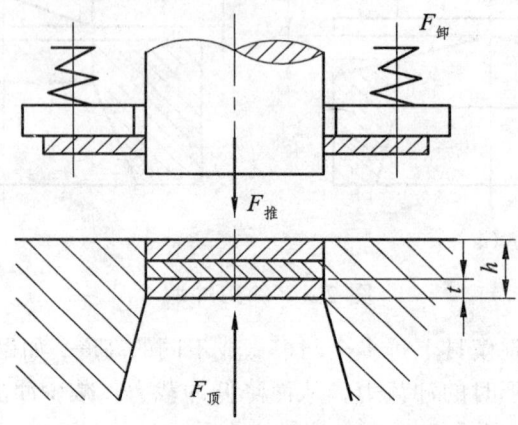

图 2.8　卸料力、顶料力、推料力

表 2.5　卸料力、推料力和顶料力系数

料厚/mm	$K_卸$	$K_推$	$K_顶$
≤0.1	0.06~0.09	0.1	0.14
>0.1~0.5	0.04~0.07	0.065	0.08
>0.5~2.5	0.025~0.06	0.05	0.06
>2.5~6.0	0.02~0.05	0.045	0.05
>6.5	0.015~0.04	0.025	0.03
铝、铝合金	0.03~0.08	0.03~0.07	
紫铜、黄铜	0.02~0.06	0.03~0.09	

注：卸料力系数 K 在冲多孔、大搭边和轮廓复杂时取上限值。

（4）压力机总吨位的确定。

$F_卸$，$F_推$ 和 $F_顶$ 三种力是依靠压力机、卸料装置和顶料装置获得的，因此，计算压力机所需总压力时必须具体分析，生产、设计时采用如下公式计算：

采用刚性卸料装置时：$F_总 = F_冲 + F_推$；

采用弹性卸料装置时：$F_总 = F_冲 + F_推 + F_卸$；

采用弹性卸料及顶料装置时：$F_总 = F_冲 + F_顶 + F_卸$。

二、制订工作计划

领取模具制造任务单（见表 2.6）、米奇心形挂坠冲孔落料连续模模具图一套。分析模具装配图及其零件图，明确工作任务要求、模具结构与工作原理，列出模具材料备料清单、工量刃具准备清单、设备使用清单，为制造模具做准备。

表 2.6 模具制造任务单

模具制造任务单			
模具名称		制造数量	
模具编号		制造单位	
模具类型		制造负责人	
预计工期		制造成员	
注：保留合格试模样件 5 件随模具移交			

任务制订人（日期）：　　　　　　　　制造负责人（日期）：

三、任务实施

1. 审阅图纸，观察模具实体模型

理解模具的结构，分析各零件结构特征、设计基准及加工基准要求、尺寸及公差要求、形位公差要求、材料及热处理等技术要求，为制订各模具零件加工工艺卡、模具零件加工、模具总体仿真装配做好准备。模具装配图如图 2.9 所示，另外调取教学资源库模具实体装配动画，如图 2.10 所示。

2. 分析模具工作原理

本模具的结构为冲孔落料连续冲裁模，其基本工序仅包含冲孔、落料两工序，冲压生产时，冲压材料（条料）由模具导料板、托料板及冲床辅助送（托）料机构导向及支承，从操作者右侧送入。本模具采用挡料销和始用挡块联合控制送料步距。

在多工位连续冲裁模中，最初控制送料的 1～2 个工位上可采用始用挡料装置。使用时，用手将始用挡块推入，挡料装置内的弹簧被压缩，使其伸出导料板以外起挡料作用，送料结束后将手松开，始用挡块受弹簧作用而退回，材料定位后完成冲孔工序，如图 2.11 第 1 步所示冲裁。

下一工序开始时用固定挡料销定距。始用挡块的位置与固定挡料销相差一个步距，材料定位后完成落料工序，如图 2.11 第 2 步所示冲裁。在多工位连续冲裁模中，始用挡块的个数一般不超过两个。

挡料销只能在落料之后起控制步距的定位作用，而在最初的工位不能起作用，如图 2.11 第 3 步所示冲裁，直至完成条料的加工。

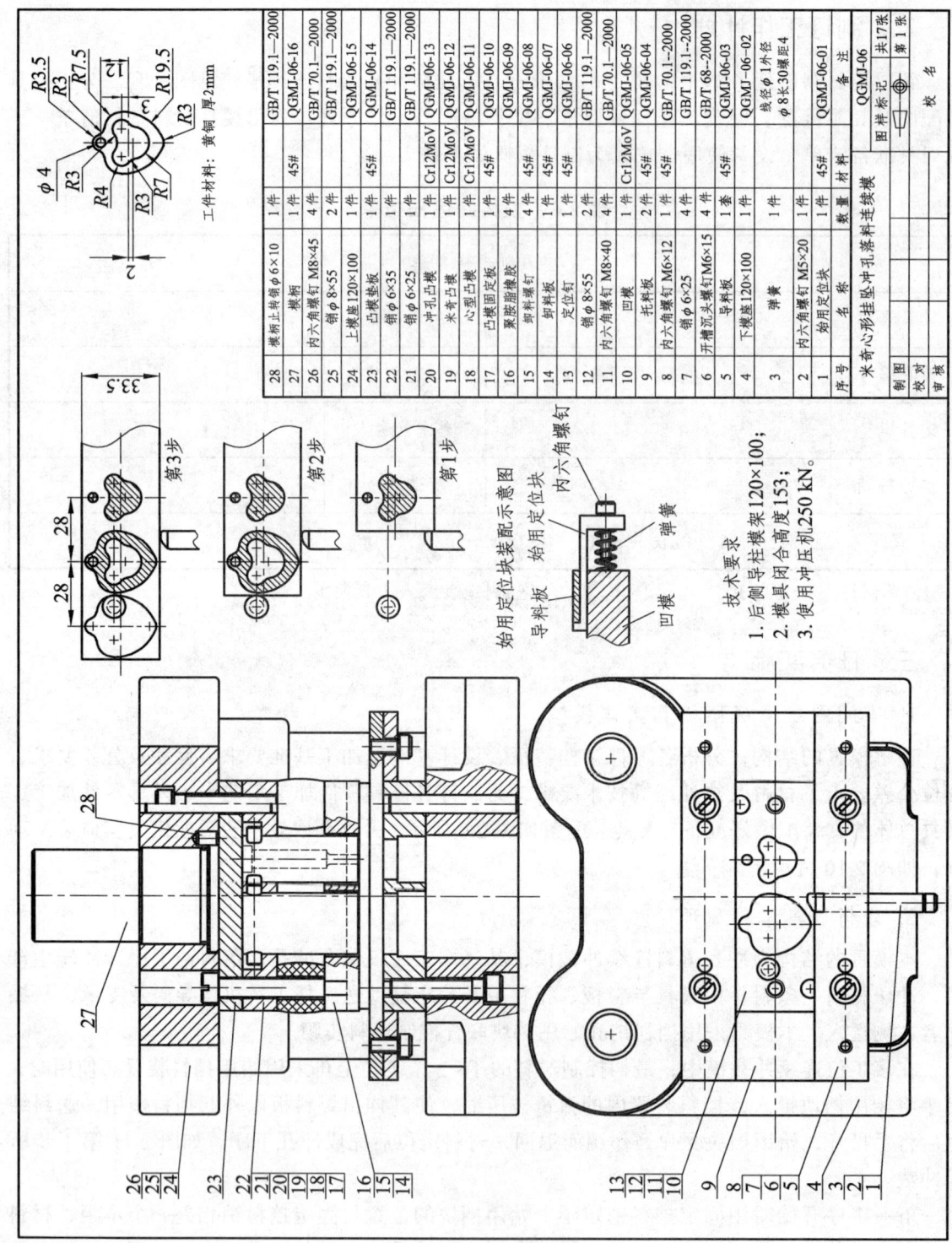

图 2.9 模具装配图

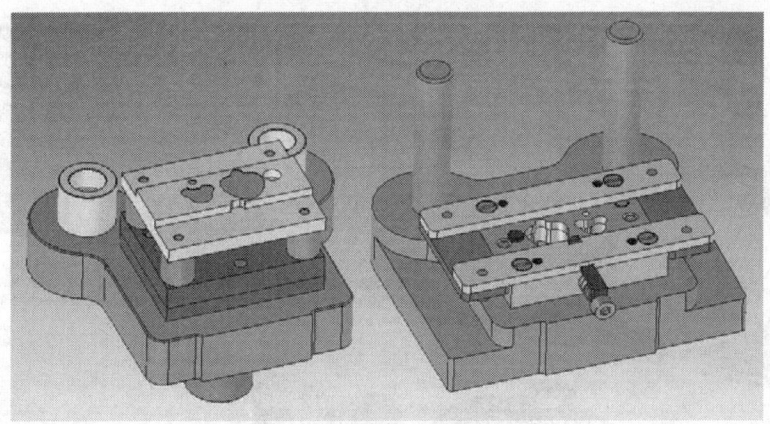

图 2.10　模具实体装配

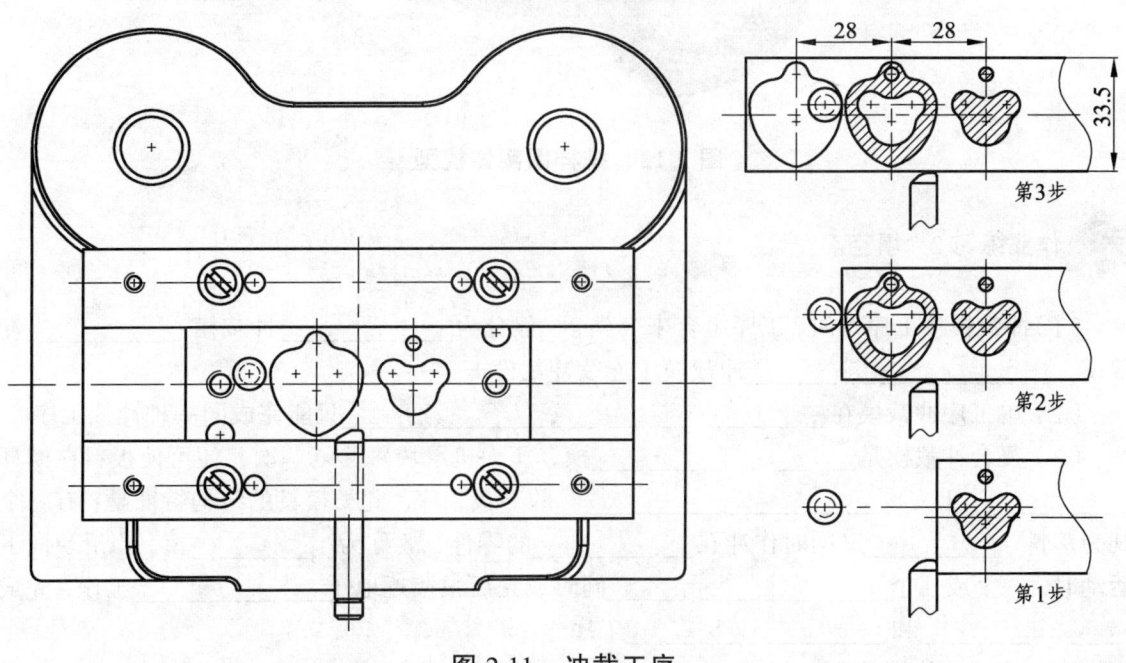

图 2.11　冲裁工序

作业练习 1：按图 2.12 所示构建排样图实体模型。

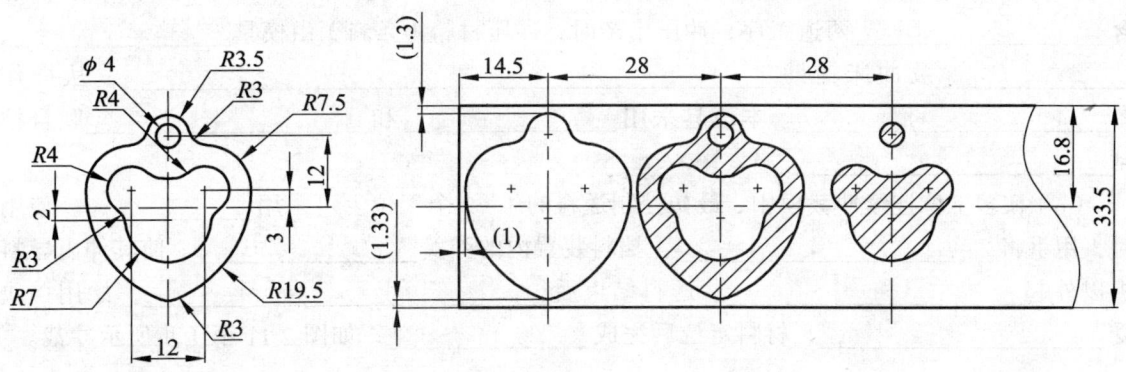

图 2.12　排样图实体模型

作业练习 2：填空。

（1）冲裁模按工序性质、工序组合来分类，一般分为_____冲裁模、_____冲裁模、_____冲裁模（连续冲裁模）。

（2）单工序冲裁模在_____只能完成同一种冲裁工序。

（3）复合冲裁模是_____模，压力机滑块每往复一次，便可使板料在模具_____上完成_____的冲裁工序。此类模具的结构特征是：有一个既为落料_____又同时作冲孔_____的零件，故称为_____模。当滑块向下运动时，一个或几个_____同时或先后很接近地_____工作，完成_____和_____工序。

（4）连续冲裁模是在_____方向上具有_____的工位，并在压力机一次行程中，在不同的工位上完成_____的冲裁工序。连续模又名_____模、_____模或_____模等。

（5）米奇心形挂坠连续模模具的结构为冲孔落料连续冲裁模，其基本工序仅包含_____、_____两道工序，冲压生产时，冲压材料（条料）由模具_____、_____及冲床辅助_____，从操作者_____。本模具采用_____和_____联合控制_____。

（6）在多工位连续冲裁模中，最初控制送料的 1~2 个工位上可采用_____。使用时，用手将_____，挡料装置内的弹簧_____，使其伸出导料板以外起_____，送料结束后_____，始用挡块受_____，材料定位后完成_____，如图 2.11 第 1 步所示冲裁。

（7）下一工序开始时用＿＿＿＿＿＿＿＿＿＿＿＿＿＿＿＿＿＿定距。始用挡块的位置与固定挡料销＿＿＿＿＿＿＿＿＿＿＿＿＿＿＿＿，材料定位后完成＿＿＿＿＿＿＿＿＿，如图 2.11 第 2 步所示冲裁。

（8）挡料销只能在冲孔之后起＿＿＿＿＿＿＿＿＿＿＿＿＿＿，而在最初的工位不能起作用，如图 2.11 第 3 步所示冲裁，直至完成＿＿＿＿＿＿＿＿＿＿＿＿＿＿＿＿＿＿＿＿＿＿＿。

（9）在多工位连续冲裁模中，始用挡块的个数＿＿＿＿＿＿＿＿＿＿＿＿＿＿＿＿＿＿＿＿＿。

（10）冲裁件在条（带）料上的布置排列方法称为＿＿＿＿＿＿＿＿＿＿＿＿。排样图是在排样设计时，既表达＿＿＿＿＿＿＿＿＿＿方式，又用阴影线说明模具类型（＿＿＿＿＿＿＿模、＿＿＿＿＿＿＿模、级进模），还能说明零件的＿＿＿＿＿＿＿＿＿、＿＿＿＿＿＿＿＿＿（有侧刃定距的要画出侧刃冲切条料的位置），且标有＿＿＿＿＿＿、＿＿＿＿＿＿、＿＿＿＿＿＿及料宽公差，有时还标有＿＿＿＿＿＿＿＿＿＿＿＿＿＿＿。

（11）冲裁排样可分为两大类：第一类是从废料角度来分，可分为有＿＿＿＿＿＿＿排样、少＿＿＿＿＿＿＿排样和无＿＿＿＿＿＿＿＿＿＿＿排样三种；第二类按制件排列形式来分，可分为＿＿＿＿＿法、＿＿＿＿＿法、＿＿＿＿＿法、＿＿＿＿＿法、＿＿＿＿＿法和＿＿＿＿＿法 6 种。

（12）排样时，＿＿＿＿＿＿＿＿＿＿＿＿＿间，＿＿＿＿＿＿＿＿＿＿＿＿＿＿＿＿＿＿＿之间的余料称为搭边。搭边虽然是＿＿＿＿＿＿＿＿＿＿＿＿＿＿＿，但在冲压工艺上有很大的作用：第一能＿＿＿＿＿＿＿＿＿＿＿＿＿＿＿，保证冲出合格制件；第二能＿＿＿＿＿＿＿＿＿＿＿＿＿＿＿，便于送料。

（13）冲裁时材料对＿＿＿＿＿＿＿＿＿＿＿＿＿＿＿＿＿＿＿＿＿＿＿称为冲裁力。它是选择＿＿＿＿＿＿＿＿＿＿和检验＿＿＿＿＿＿＿＿＿＿＿＿＿＿＿的一个重要依据。冲裁力的大小与＿＿＿＿＿＿＿＿＿＿＿、＿＿＿＿＿＿＿＿＿＿＿、＿＿＿＿＿＿＿＿＿＿＿、刃口间隙及形状有关。

（14）降低冲裁力的措施可采用＿＿＿＿＿＿冲裁、＿＿＿＿＿＿冲裁和＿＿＿＿＿＿冲裁等方法。

（15）为了得到平整的制件，斜刃开设的方向性是＿＿＿＿＿＿＿＿＿＿＿＿的核心。落料时，斜刃应开设在＿＿＿＿＿＿＿＿＿＿＿上，凸模为平刃；冲孔时，＿＿＿＿＿＿＿＿＿＿＿为斜刃，凹模为平刃。除此以外，斜刃开设还应＿＿＿＿＿＿＿＿＿＿＿＿＿＿＿＿＿＿＿＿。

（16）在同一副模具上将多个＿＿＿＿＿＿＿＿＿＿做成不同的高度，如做成阶梯形式，便可分散＿＿＿＿＿＿＿＿＿＿＿＿＿＿＿＿的冲裁力，从而降低冲裁力，减少冲击振动。由于凸模＿＿＿＿＿＿＿＿＿＿，所以设计时应特别注意＿＿＿＿＿＿＿＿＿＿＿流动方向。

（17）加热冲裁是一种先对材料加热，使＿＿＿＿＿＿＿＿＿＿＿＿＿以减少冲裁力的方法，工厂中俗称"＿＿＿＿＿＿＿＿＿"。

（18）制件的＿＿＿＿＿＿＿＿＿与＿＿＿＿＿＿＿＿＿的百分比称为材料利用率，一般用 N 表示。

（19）制件冲裁力计算公式是＿＿＿＿＿＿＿＿＿＿＿＿＿＿＿＿＿＿＿＿＿。

（20）排样图 2.12 中，条料宽度为＿＿＿＿＿＿mm，制件与制件的搭边＿＿＿＿＿＿mm，制件与条料的搭边＿＿＿＿＿＿mm。

2. 审阅图纸，按图纸要求列出模具工艺资料：模具材料备料清单（见表 2.7），工量刃具准备清单（见表 2.8），设备使用清单（见表 2.9）。

表 2.7 模具材料备料清单

序号	零件名称	零件编号	材料	毛坯尺寸（规格）	数量	备注
1						
2						
3						
4						
5						
6						
7						
8						
9						
10						
11						
12						
13						
14						
15						
16						

制订（日期）：　　　　　　审核（日期）：　　　　　　教师批准（日期）：

表 2.8　工量刃具准备清单

序号	名　称	规　格	数　量	备　注
1				
2				
3				
4				
5				
6				
7				
8				
9				
10				

制订（日期）：　　　　　　审核（日期）：　　　　　　教师批准（日期）：

表 2.9　设备使用清单

序号	设备名称	规　格	数　量	备　注
1				
2				
3				
4				
5				
6				
7				
8				

制订（日期）：　　　　　　审核（日期）：　　　　　　教师批准（日期）：

四、学习评价

完成模具结构认识后,对本学习过程进行综合小结评价,并填写学习评价表(见表 2.10)。

表 2.10　学习评价表

班级		姓名		学号		日期	
任务名称							
自我评价	1	遵守安全规则,着装、劳动防护规范				□是	□否
	2	安全、文明生产				□是	□否
	3	利用课外教材、网络资源等途径查找有效信息				□是	□否
	4	完成制件排样图的实体建构				□是	□否
	5	参与小组的讨论				□是	□否
	6	参与制订模具零件的加工工艺卡				□是	□否
	7	参与制订模具材料备料清单等				□是	□否
	8	完成工作页的填写				□是	□否
	9	完成小组分配的任务				□是	□否
	10	学习效果自评等级:□优　□良　□中　□合格　□不合格					
	11	总结与反思:					
小组评价	12	遵守课堂纪律		□优　□良　□中　□其他			
	13	安全意识与安全操作					
	14	能积极配合小组成员完成工作任务					
	15	在小组讨论中能积极发言					
	16	能够清晰表达自己的观点					
	17	在工作中的表现					
	18	对自己的客观评价					
	19	学习效果小组评等级:□优　□良　□中　□合格　□不合格					
	20	小组综合评价:					
教师评价	21	学习效果教师评等级:□优　□良　□中　□合格　□不合格					
	22	教师综合评价:					

教师签名:　　　　　　　　年　月　日

五、学习拓展

1. 查找教材或网络资源，了解其他结构的冲裁模。

2. 条料长度为 1 000 mm，试画出图 2.13 所示垫圈零件在无侧压装置条件下的排样图（单排、双排、3 排），并分别计算材料的利用率。

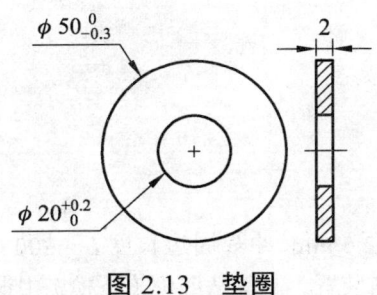

图 2.13　垫圈

3. 已知制件的材料厚度 $t=1$ mm，冲裁周边长度如图2.14所示，材料抗剪强度 $\tau_0=350$ MPa，安全系数 $K=1.3$。求制作图示制件 a、制件 b、制件 c 的冲裁力。

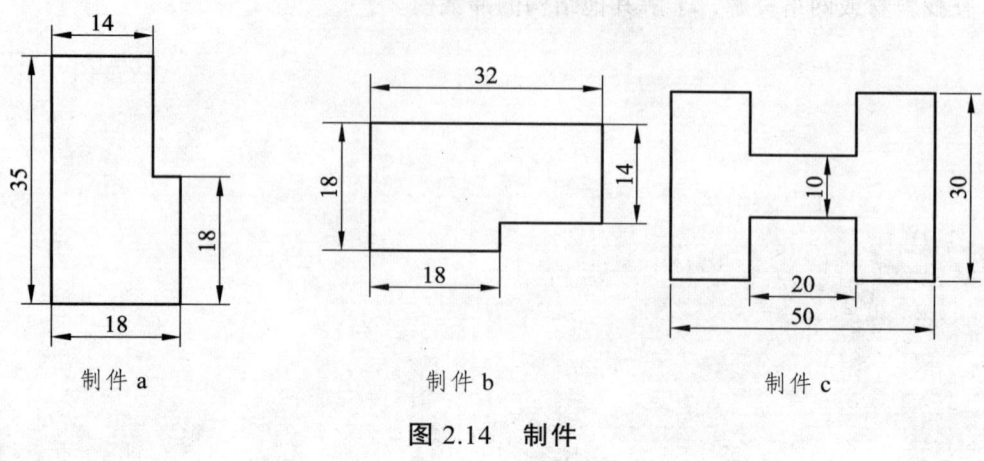

图 2.14 制件

4. 已知制件的材料厚度 $t=2.5$ mm，冲裁周边长度 $L=200$ mm，材料抗剪强度 $\tau_0=350$ MPa，安全系数取 $K=1.3$，采用弹性卸料装置，制件从凹模（下模）中退出。试求需用压力机的总吨位。

学习任务3　凹模实体设计与制造

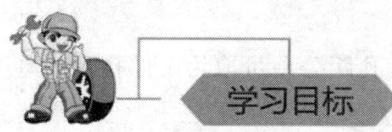

（1）能根据冲孔落料连续模工作特点认识凹模的结构；
（2）能叙述凹模各组成部分及其作用；
（3）能根据模具制造要求及设备情况，讨论并制订工作计划；
（4）能按凹模图纸构建实体模型；
（5）能制订凹模零件的加工工艺；
（6）能编制凹模零件的数控加工程序；
（7）能按照安全文明生产操作规程的要求规范实施加工；
（8）能查阅模具材料手册，认识凹模的常用材料及性能；
（9）能利用课外教材、网络资源等途径查找有效信息。

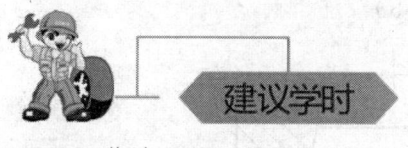

20学时。

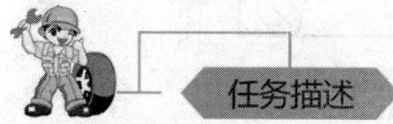

凹模（见图3.1）是冲裁模具的主要工作零件，现要求按下达的凹模设计图纸，制订工作计划，拟订模具零件加工工艺，完成凹模零件加工。

图3.1　凹模

一、知识准备

凹模是在冲压过程中，与凸模配合直接对制件进行分离或成形的工作零件。

（1）凹模型孔是什么？

凹模型孔指进行冲裁所用的孔。型孔的形状与工件形状一致，型孔的尺寸按凹模刃口尺寸公式进行计算获得。

（2）凹模各型孔的位置如何确定？

凹模各型孔的位置根据不同类型的模具确定。级进模上凹模型孔较多，各个型孔的位置就是排样图上各个工位的加工位置。

多型孔时各型孔的位置尺寸，包括步距公差在内的各型孔孔距公差可取为工件孔距公差的 1/3 ~ 1/5 或 ±0.01 ~ ±0.05 mm。工位越多，公差越小。

（3）凹模孔口侧壁形状有哪些？

凹模孔口侧壁形状是指凹模型孔的剖面形状。如图 3.2 所示，凹模孔口侧壁的基本形式有两种：一种是孔壁垂直于顶面的直壁式[见图 3.2（a）、(b)]，另一种是刃口与轴线成一定角度的斜壁式[见图 3.2（c）、(d)]。

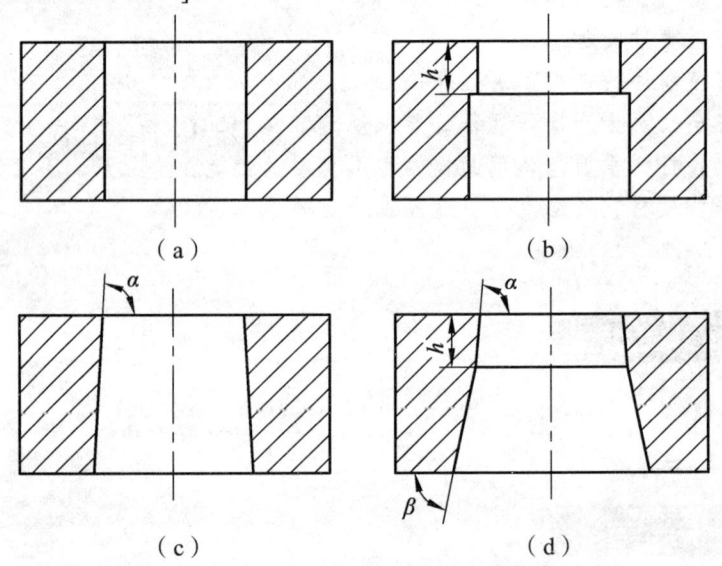

图 3.2　凹模孔口侧壁

（4）直壁式凹模孔口有何特点？

直壁式凹模孔口强度好，当刃口磨损要进行刃磨修复时，刃口各工作部分的尺寸不会变化，冲裁制件精度高，主要用于制件精度高、形状复杂或带有顶料装置的模具。但直壁式凹模孔壁磨损较大，工件容易在型孔内聚集，严重时会使凹模胀裂。

直壁式凹模孔口一般采用数控铣削加工或线切割加工，精度要求高时采用数控铣削粗加工、坐标磨削精加工。

（5）斜壁式凹模孔口有何特点？

斜壁式凹模孔口锋利，但刃口磨损快、强度差，当刃口磨损要进行刃磨修复时，刃口各工作部分的尺寸略有增大，因此适用于制件精度要求不高、形状简单或小型制件的模具。

斜壁式凹模孔口可用电火花加工，也可用带斜度的线切割加工，加工时可将凹模型孔反面扩大成台阶形或锥形。

（6）漏料孔有什么作用？

为了减小凹模型孔内工件聚集的数量、减小孔壁磨损、降低冲裁推件力，并使模具制造容易，可将凹模型孔反面扩大成台阶形或锥形的漏料孔，刃口高度 h、斜角 α 和 β 可参考表 3.1 确定。

表 3.1　凹模孔口的主要参数

板料厚度/mm	α	β	h/mm
≤0.5	15′	2°	≥4
>0.5~1	15′	2°	≥5
>1~2.5	15′	2°	≥6
>2.5	30′	3°	≥8

（7）凹模如何固定？

整体结构的凹模一般采用螺钉或销钉固定在下模座上。螺钉和销钉的数量、规格和它们的位置尺寸，要根据模具结构的需要做出适当的设计布置。

若凹模采用镶拼组合结构（见图 3.3），凹模由若干镶块组成，需要一块凹模固定板加以组合，凹模固定板采用螺钉和销钉固定在下模座上。

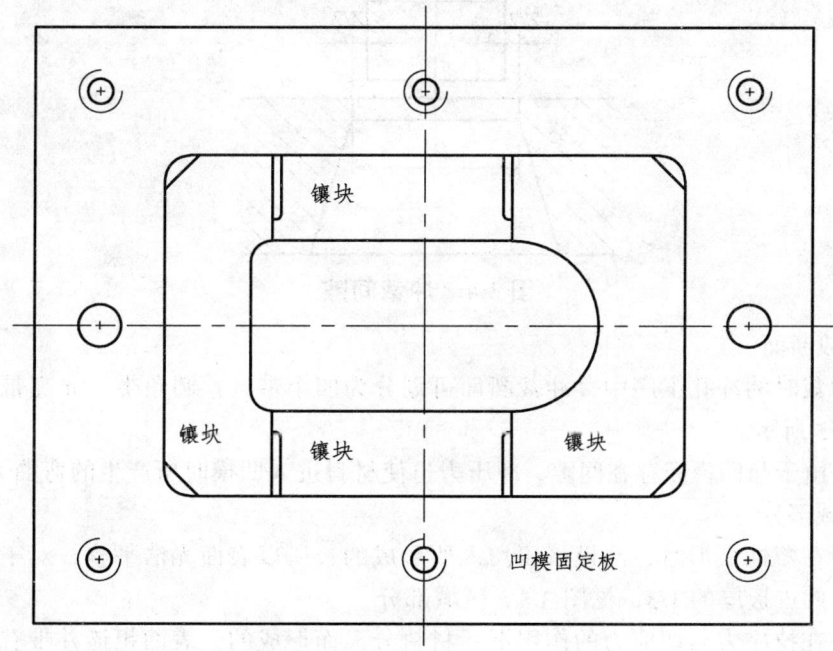

图 3.3　凹模的镶拼组合结构

（8）凹模设计与制造有哪些技术要求？

① 凹模零件图上应标注完整的尺寸，其中包括型孔的刃口形状尺寸和公差，各型孔孔距（包括步距）的尺寸和公差，型孔孔系对凹模几何中心或凹模外形垂直基准边的位置尺寸，凹模的外形尺寸、孔口形状及尺寸，螺钉、销孔的尺寸及公差等。

② 凹模的顶面和型孔的工作孔壁应光滑，表面粗糙度 Ra 值小，这样可以提高工件的精度和延长模具寿命。一般取 $Ra=0.8\sim0.4\ \mu m$，最差不能大于 $Ra=1.6\ \mu m$，底面和销孔 $Ra=1.6\ \mu m$，其余 $Ra=6.3\sim3.2\ \mu m$。

③ 要求凹模具有锋利的刃口且刃口具有较高的耐磨性，并能承受冲裁时的冲击力，因此凹模应具有较高的硬度和适当的韧性。形状简单的凹模常选用 T8A、T10A 等制造；形状复杂、淬火变形大，特别是用线切割方法加工型孔的凹模应选用合金工具钢，如 Crl2、Crl2MoV 等制造。凹模应进行热处理，硬度应达到 HRC60~64。

④ 形位公差要求，如底面与顶面的平行度、型孔轴线与顶面的垂直度等，这些在模具制造标准中都有规定，图纸上可不标注，但制造时必须保证。

（9）冲裁间隙。

凸模与凹模工作部分尺寸之差称为间隙，用 Z 表示，如图 3.4 所示。

$$Z = D_d - d_p$$

式中　Z——冲裁间隙（双边值）（mm）；
　　　D_d——凹模尺寸（mm）；
　　　d_p——凸模尺寸（mm）。

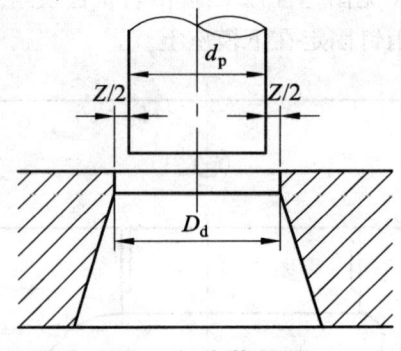

图 3.4　冲裁间隙

（10）冲裁断面。

在普通冲裁时的冲孔工序中，冲裁断面可划分为四个带区：圆角带、光亮带、断裂带和毛刺，如图 3.5 所示。

圆角带是由于凸凹模间存在间隙，冲压力迫使材料进入凹模时所产生的弯曲力矩造成的，见图 3.5 a 区域部分。

光亮带是在塑性变形时，凸模挤压切入所形成的，所以表面光洁平整，对于软钢板或黄铜板，光亮带约占板厚的 1/3，见图 3.5 b 区域部分。

断裂带是在拉应力与切应力的作用下，材料分离而形成的，表面粗糙并带有一定锥度，见图 3.5 c 区域部分。

毛刺是伴随微裂纹而形成的，随着凸模继续下降，使已形成的毛刺拉长，最后残留在冲裁件上，毛刺的高低，主要由凸凹模间的间隙是否合理以及刃口磨损状况而定。通常，制件毛刺的合理高度为 10%料厚以下，精度要求高时，为 5%料厚以下，见图 3.5 d 区域部分。

落料时制件上各带区位置与冲孔相反。

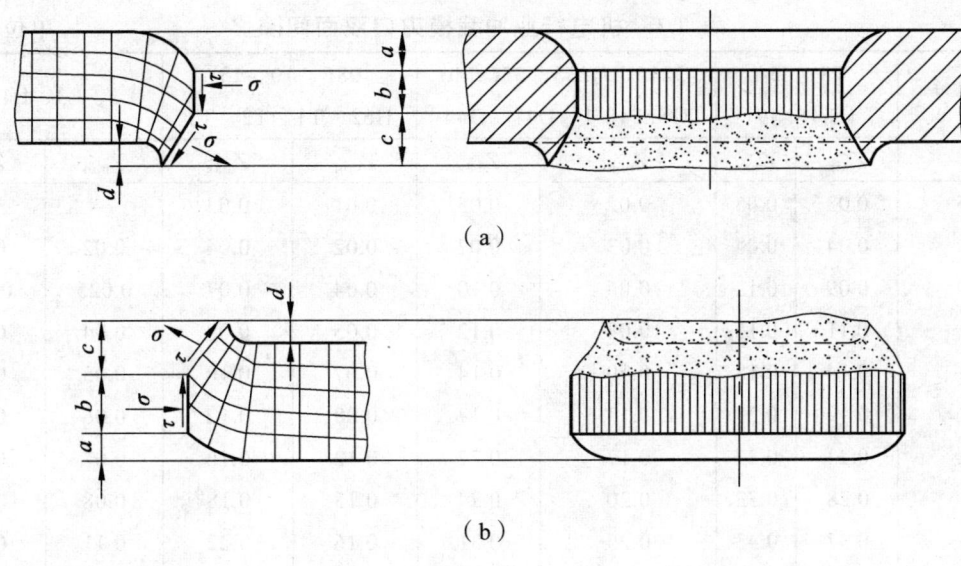

图 3.5

（11）间隙值的确定。

间隙值的确定一般有理论计算法、经验公式法和图表计算法三种。生产中常用经验公式法和图表计算法。

① 经验公式法。

$$\frac{Z}{2} = Ct$$

式中　C——与材料性能、厚度有关的系数（见表 3.2）。

表 3.2　系数 C

材　料	料厚 t/mm	
	$t<3$	$t>3$
软钢、纯铁	0.06～0.09	当断面质量无特殊要求时，将 $t<3$ mm 的相应 C 值放大 1.5 倍
铜、铝合金	0.06～0.10	
硬　钢	0.08～0.12	

② 图表计算法。

鉴于目前我国各行业使用的冲裁间隙值相差较大，列出几个主要行业使用的冲裁间隙表进行比较，模具设计时，根据制件要求选用。机电行业的冲裁间隙，见表 3.3。非金属材料的间隙，见表 3.4。

（12）刃口尺寸的计算原则。

普通冲裁制件断面呈锥形，不管是冲孔还是落料，以光亮带部位的尺寸作为测量值。冲孔时的光亮带由凸模作用造成，冲孔孔径尺寸取决于凸模刃口尺寸；落料时的光亮带由凹模作用造成，落料外形尺寸取决于凹模刃口尺寸。

刃口尺寸的计算原则如表 3.5 所示。

表3.3　机电行业冲裁模刃口双面间隙 Z　　　　　　　　　　　　　单位：mm

材料厚度 t	T8、45 1Cr18Ni9		Q215、Q235、35CrMo QSnP10-1、D41、D44		08F、10、15 H62、T1、T2、T3		L2、L3、L4、L5	
	Z_{min}	Z_{max}	Z_{min}	Z_{max}	Z_{min}	Z_{max}	Z_{min}	Z_{max}
0.35	0.03	0.05	0.02	0.05	0.01	0.03	—	—
0.5	0.04	0.08	0.03	0.07	0.02	0.04	0.02	0.03
0.8	0.09	0.12	0.06	0.10	0.04	0.07	0.025	0.045
1.0	0.11	0.15	0.08	0.12	0.05	0.08	0.04	0.06
1.2	0.14	0.18	0.10	0.14	0.07	0.10	0.05	0.07
1.5	0.19	0.23	0.13	0.17	0.08	0.12	0.06	0.10
1.8	0.23	0.27	0.17	0.22	0.12	0.16	0.07	0.11
2.0	0.28	0.32	0.20	0.24	0.13	0.18	0.08	0.12
2.5	0.37	0.43	0.25	0.31	0.16	0.22	0.11	0.17
3.0	0.48	0.54	0.33	0.39	0.21	0.27	0.14	0.20
3.5	0.58	0.65	0.42	0.49	0.25	0.33	0.18	0.26
4.0	0.68	0.76	0.52	0.60	0.32	0.40	0.21	0.29
4.5	0.79	0.88	0.64	0.72	0.38	0.46	0.26	0.34
5.0	0.90	1.0	0.75	0.85	0.45	0.55	0.30	0.40
6.0	1.16	1.26	0.97	1.07	0.60	0.70	0.40	0.50
8.0	1.75	1.87	1.46	1.58	0.85	0.97	0.60	0.72
10	2.44	2.56	2.04	2.16	1.14	1.26	0.80	0.92

表3.4　非金属材料冲裁模初始双面间隙 Z　　　　　　　　　　　　　单位：mm

材料厚度 t	Z_{min}	冲孔或落料时的尺寸			
		~10	10~50	50~120	120~260
		Z_{max}			
~0.5	0.005	0.020	0.030	0.040	0.050
>0.5~0.6	0.010	0.020	0.030	0.040	0.050
>0.6~0.8	0.015	0.030	0.040	0.050	0.060
>0.8~1.0	0.020	0.035	0.045	0.055	0.065
>1.0~1.2	0.025	0.040	0.050	0.060	0.070
>1.2~1.5	0.030	0.045	0.055	0.065	0.075
>1.5~1.8	0.035	0.050	0.060	0.070	0.080
>1.8~2.1	0.040	0.055	0.065	0.075	0.085
>2.1~2.5	0.045	0.060	0.070	0.080	0.090
>2.5~3.0	0.050	0.065	0.075	0.085	0.095

注：① 在模具设计图样上只注明最小双面间隙。
　　② 最大双面间隙只是作为制造时参考，冲裁时尽可能小于最大间隙以便延长冲模寿命。
　　③ 落料或冲孔模凸、凹模公称尺寸的确定和冲制金属材料一样。

表3.5　刃口尺寸的计算原则

工序分类	落料	冲孔
首先确定	凹模刃口尺寸	凸模刃口尺寸
基本尺寸	凹模刃口基本尺寸取接近于制件的最小极限尺寸，以保证磨损至一定范围还能冲出合格制件	凸模刃口基本尺寸取接近于制件的最大极限尺寸，以保证磨损至一定范围还能冲出合格制件
另一件配作	凸模刃口尺寸＝凹模刃口尺寸－最小间隙值	凹模刃口尺寸＝凸模刃口尺寸＋最小间隙值

（13）冲裁模刃口尺寸计算（分开加工计算法）。

分开加工计算法适合于圆形及简单规则几何形状的凸、凹模刃口尺寸计算。

① 落料。设制件外形尺寸为 $D_{-\Delta}^{0}$，计算公式如下（注：制件的下偏差必须换算成负值才能代入公式计算）：

$$D_d = (D - X\Delta)_0^{+\delta_d}$$

$$D_p = (D_d - Z_{\min})_{-\delta_p}^{0} = (D - X\Delta - Z_{\min})_{-\delta_p}^{0}$$

② 冲孔。制件孔径尺寸应为 $d_0^{+\Delta}$，计算公式如下（注：制件的上偏差必须换算成正值才能代入公式计算）：

$$d_p = (d + X\Delta)_{-\delta_p}^{0}$$

$$d_d = (d_p + Z_{\min})_0^{+\delta_d} = (d + X\Delta + Z_{\min})_0^{+\Delta_d}$$

式中　D_d，D_p——落料时凹、凸模的基本尺寸（mm）；

d_d，d_p——冲孔时凹、凸模的基本尺寸（mm）；

D，d——落料件和冲孔件的基本尺寸（mm）；

Δ——制件公差（mm）；

$Z_{\min}$——最小合理间隙（双边值）（mm）；

δ_p，δ_d——凸、凹模制造公差，可查表3.6确定；

X——磨损系数，一般取 $X=0.5\sim1$，可查表3.7确定。

表3.6　规则形状（圆形、方形）冲裁凸、凹模的制造公差　　　　单位：mm

基本尺寸	凸模下偏差 δ_p	凹模上偏差 δ_d
≤18		+0.020
>18～30	-0.020	+0.025
>30～80		+0.030
>80～120	-0.025	+0.035
>120～180	-0.030	+0.040
>180～260		+0.045
>260～360	-0.035	+0.050
>360～500	-0.040	+0.060
>500	-0.050	+0.070

表 3.7 磨损系数 X

材料厚度 t/mm	非圆形			圆形	
	1	0.75	0.5	0.75	0.5
	制件公差 Δ/mm				
~1	<0.16	0.17~0.35	≥0.36	<0.16	≥0.16
>1~2	<0.20	0.21~0.41	≥0.42	<0.20	≥0.20
>2~4	<0.24	025~0.49	≥0.50	<0.24	≥0.24
>4	<0.30	0.31~0.59	≥0.60	<0.30	≥0.30

（14）冲裁模刃口尺寸计算（配加工计算法）。

目前，模具生产中广泛采用配加工计算法。此方法使模具制造方便、成本降低，特别对模具间隙的配制容易保证，是一种经济的加工方法。它特别适用于各种复杂几何形状的凸、凹模刃口尺寸的计算。

① 落料。以图 3.6（a）所示的制件为例。落料时应以凹模为基准件来配加工凸模，并按凹模磨损后尺寸变大、变小和不变的规律分三类情况计算（见图 3.6）。

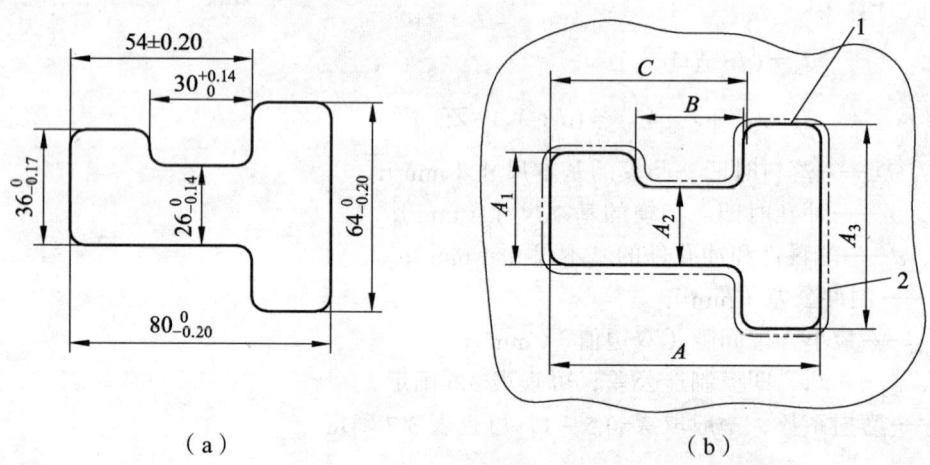

（a） （b）

图 3.6 制件

1—凹模制造轮廓线；2—凹模磨损后轮廓线

a. 凹模磨损后变大的尺寸：A，A_1，A_2 及 A_3；

$$A_d = (A - X\Delta)^{+\delta_d}_0$$

b. 凹模磨损后变小的尺寸：B；

$$B_d = (B + X\Delta)^0_{-\delta_d}$$

c. 凹模磨损后不变的尺寸：C。此情况应按制件尺寸偏差标注方案的不同而又分为三种情况：

当制件尺寸按 $C_0^{+\Delta}$ 标注时：

$$C_d = (C + 0.5\Delta) \pm \delta_d$$

当制件尺寸按 $C_{-\Delta}^0$ 标注时：

$$C_d = (C - 0.5\Delta) \pm \delta_d$$

当制件尺寸按 $C \pm \Delta'$ 标注时：

$$C_d = C \pm \delta_d$$

式中　A，B，C——制件的基本尺寸（mm）；

　　　A_d，B_d，C_d——相应凹模的基本尺寸（mm）；

　　　Δ——制件公差（mm）；

　　　Δ'——制件偏差（mm）；

　　　δ_d——凹模制造公差（mm），通常 $\delta_d = \Delta/4$，但当标注为 $\pm\delta_d$ 时，则 $\delta_d = \Delta/8$。

配加工时，凹模按计算尺寸标注，凸模只标注基本尺寸，不标公差，但在技术要求项目内标上：凸模尺寸按凹模实际尺寸配作，保证最小间隙值 Z_{min}。

② 冲孔。冲孔时应以凸模为基准来配作凹模，凸模同样根据以上磨损分类原理来分析计算。

（15）凸、凹模使用的材料及热处理。

凸、凹模使用的材料有钢材、硬质合金、有色金属、塑料、橡胶及其他材料等。材料种类很广，但不同的材料，对模具的制造工艺、使用性能及寿命，乃至模具成本均有极大影响。

通常情况下，凸、凹模选用钢材制造，经热处理后从性能上来说应达到如下五点要求：耐磨性和韧性好；疲劳强度和抗压强度高；加工方便；热处理变形小；价格便宜。

① 碳素工具钢、高速钢以及合金工具钢。

凸、凹模常用的钢材为碳素工具钢、高速钢以及合金工具钢。其中 CrWMn，9CrWMn 等合金工具钢是最合适的材料。首先是材料退火后的硬度在 HBS220 以下，易于切削加工；其次是淬火温度低（仅为 780~880°C），经油冷后硬度即可达到 HRC60~63，具备良好的耐磨性能；最后是淬火变形小，不易产生裂纹，是制作几何形状复杂、精度要求高的凸、凹模较为理想的材料。尽管合金工具钢的原材料成本费远高于其他钢材，然而平摊到冲压数量极大的制件上却是微不足道的。

一般情况下，工厂常用的还是 T10A，T8A 等碳素工具钢，由于碳钢性能稳定、热处理容易掌握，其材料性能虽然比不上合金工具钢，但价格便宜却是合金工具钢所无法比拟的，故在中、小批量冲压生产的模具上得到极其广泛的应用。

② 硬质合金。

模具常用的硬质合金可分为钨钴硬质合金和钢结硬质合金两类。由于它们具有高硬度和高耐磨性，所以是做冷冲模凸、凹模的好材料。凸、凹模常用的钢材及热处理要求如表 3.8 所示。

表 3.8 凸、凹模常用的钢材及热处理要求

模具类型	零件名称 冲件情况		选用材料牌号	热处理	硬度 HRC 凸模	硬度 HRC 凹模
冲裁模	Ⅰ	形状简单、冲裁材料厚度 $t<$ 3 mm 的凸、凹模和凸凹模	T8A T10A	淬火	58~62	60~64
		带台肩的、快换式的凸模、凹模和形状简单的镶块	9Mn2V Cr6WV			
	Ⅱ	形状复杂的凸、凹模和凸凹模	9crsi CrWMn	淬火	58~62	60~64
		冲裁材料 $t>3$ mm 的凸、凹模和凸凹模	9Mn2V			
		形状复杂的镶块	Cr12,Cr12MoV 120Cr4W2MoV			
	Ⅲ	要求耐磨的凸、凹模	Cr12MoV,GCr15	淬火	60~62	62~64
			YG15		—	—
	Ⅳ	冲薄材料用的凹模	T8A		—	
	Ⅴ	板模的凸、凹模	T7A	淬火	43~48（对 $\tau\leqslant$ 294 MPa 的不处理）	
弯曲模	Ⅰ	一般弯曲的凸、凹模及镶块	T8A,T10A	淬火	56~60	
	Ⅱ	要求高度耐磨的凸、凹模及镶块；形状复杂的凸、凹模及镶块。生产批量特别大的凸、凹模及其镶块	CrWMn Cr12 Cr12MoV	淬火	60~64	
	Ⅲ	热弯曲的凸、凹模	5CrNiMo,5CrNiTi 5CrMnMo	淬火	52~56	
拉伸膜	Ⅰ	一般拉深的凸、凹模	T8A,T10A	淬火	58~62	60~64
	Ⅱ	连续拉深的凸、凹模	T10A,CrWMn			
	Ⅲ	要求耐磨的凹模	Cr12,YG15 Cr12MoV,YG8		—	62~64
	Ⅳ	不锈钢拉深用凸、凹模	W18Cr4V		62~64	—
			YG15,YG8		—	—
	Ⅴ	热拉深用凸、凹模	5CrNiMo,5CrNiTi	淬火	52~56	52~56

二、制订工作计划

审阅分析米奇心形挂坠冲孔落料连续模装配图及凹模零件图（见图 3.7），制订模具零件加工任务单（见表 3.9），明确模具结构与工作原理，明确工作任务要求，明确模具零件的材料性能，制订模具零件加工工作计划，为模具零件加工做准备。

学习任务3 凹模实体设计与制造

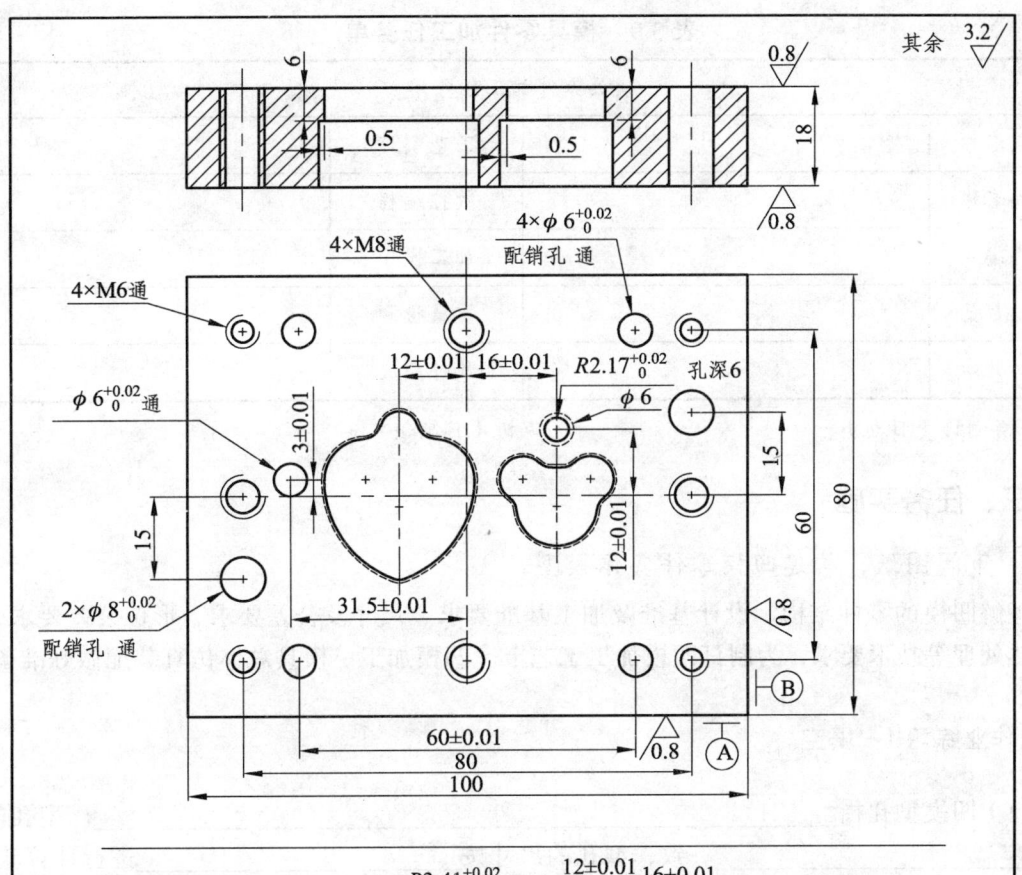

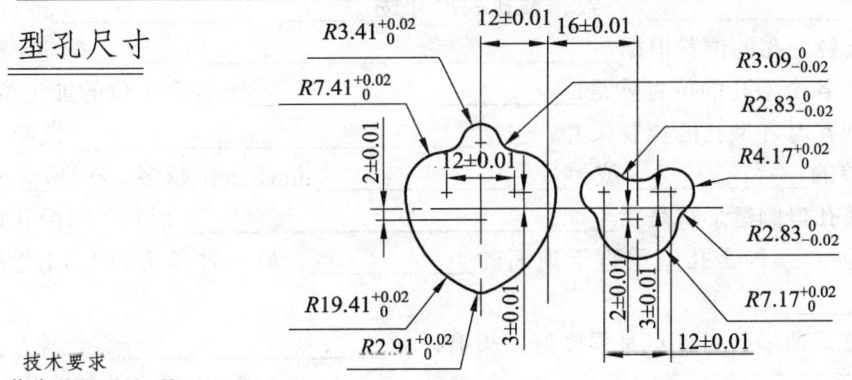

技术要求
1. 热处理HRC58~62;
2. 刃口锋利;
3. 其他锐边倒钝;
4. 未注尺寸公差按GB/T 1800.3—1998 IT12级。

凹模				QGMJ-06-05	
米奇心形挂坠冲孔落料连续模				图样标记	共17张
制图		材料	Cr12MoV		第6张
校对		比例	1:1	校 名	
审核		数量	1件		

图 3.7 凹模零件图

表 3.9　模具零件加工任务单

模具零件加工任务单			
模具名称		工艺制订	
零件名称		数控编程	
零件编号		加工操作	
制造数量		质量检测	
预计开始		预计完成	

任务制订（日期）：　　　　　　　　　　　审核（日期）：

三、任务实施

1．审阅图纸，构建凹模零件实体模型

理解凹模的零件结构、设计基准及加工基准要求、尺寸及公差要求、形位公差要求、材料及热处理等技术要求，为制订凹模加工工艺卡、凹模加工、模具总体仿真装配做好准备。

作业练习1：填空。

（1）凹模型孔指＿＿＿＿＿＿＿＿＿＿＿＿＿＿＿＿＿＿＿＿＿＿＿＿＿＿＿。型孔的形状与＿＿＿＿＿＿＿＿＿＿＿＿＿＿一致，型孔的尺寸按＿＿＿＿＿＿＿＿＿＿＿＿进行计算获得。

（2）凹模各型孔的位置根据＿＿＿＿＿＿＿＿＿＿＿＿＿＿＿＿＿＿确定。级进模上凹模型孔较多，各个型孔的位置就是＿＿＿＿＿＿＿＿＿＿＿＿＿＿上各个工位的加工位置。

（3）多型孔时各型孔的位置尺寸，包括＿＿＿＿＿＿＿＿＿＿＿＿＿＿＿孔距公差可取为工件孔距公差的＿＿＿＿＿＿＿或＿＿＿＿＿＿＿＿＿mm，工位越多，公差＿＿＿＿＿。

（4）凹模孔口侧壁形状是指＿＿＿＿＿＿＿＿＿＿＿＿＿＿＿＿＿＿形状。凹模孔口侧壁的基本形式有两种：一种是孔壁垂直于顶面的＿＿＿＿＿＿＿＿＿，另一种是刃口与轴线成一定角度的＿＿＿＿＿＿＿＿＿＿。

（5）直壁式凹模孔口特点是强度好，刃磨以后＿＿＿＿＿＿＿＿＿＿不会增大，冲件精度高，主要用于＿＿＿＿＿＿＿＿＿＿＿＿、＿＿＿＿＿＿＿＿＿或＿＿＿＿＿＿＿＿＿＿的模具。但直壁式冲裁时＿＿＿＿＿＿＿＿磨损较大，工件容易在型孔内＿＿＿＿＿＿＿＿，严重时会使＿＿＿＿＿＿＿＿＿＿＿。刃口不如斜壁式＿＿＿＿＿＿＿＿，每次刃磨的磨量较大。

（6）直壁式凹模孔口一般采用＿＿＿＿＿＿＿＿＿＿＿＿加工或＿＿＿＿＿＿＿＿＿＿加工，要求高的也有采用＿＿＿＿＿＿＿＿＿＿粗加工、＿＿＿＿＿＿＿＿＿＿精加工。

（7）斜壁式凹模孔口主要用于工件＿＿＿＿＿＿＿＿＿＿＿＿＿、＿＿＿＿＿＿＿＿＿的模具。

（8）为了减小孔壁＿＿＿＿＿＿＿＿、减小型孔内工件＿＿＿＿＿＿＿＿＿＿的数量并使模具制造容易，可将反面＿＿＿＿＿＿＿＿＿＿＿＿＿＿＿＿。

（9）整体结构的凹模一般采用＿＿＿＿＿＿＿＿＿＿＿＿固定在下模座上。若凹模采用镶拼组合结构，凹模由若干＿＿＿＿＿＿＿＿＿＿＿组成，需要一块＿＿＿＿＿＿＿＿＿＿＿＿加以

学习任务 3　凹模实体设计与制造

组合，凹模固定板采用_____固定在下模座上。

（10）凹模设计与制造技术要求有：凹模零件图上应标注_____，其中包括：型孔的_____尺寸和_____，各型孔_____的尺寸和公差，型孔孔系对_____或_____的位置尺寸，凹模的外形_____、孔口_____，_____等。凹模的顶面和_____应光滑，表面粗糙度 Ra 值小，这样可以提高工件精度和延长模具寿命。一般取为 $Ra = $_____ μm，最差不能大于 $Ra = $_____ μm，底面和销孔 $Ra = $_____ μm，其余 $Ra = $_____ μm。要求凹模具有锋利的_____和刃口具有较高的_____，并能承受冲裁时的冲击力，因此凹模应具有较高的_____和适当的_____。形状简单的凹模常选用_____等制造；形状复杂、淬火变形大，特别是用线切割方法加工型孔的凹模应选用_____，如_____等制造。凹模应进行热处理，硬度应达到_____。

（11）冲裁间隙是_____。

（12）冲裁断面可划分为四个带区：_____、_____、断裂带和_____。

（13）米奇心形挂坠制件的冲裁间隙值是_____ mm。

（14）根据刃口尺寸的计算原则，冲孔时的光亮带由_____作用造成，冲孔孔径尺寸取决于_____尺寸；落料时的光亮带由_____作用造成，落料外形尺寸取决于_____尺寸。

（15）冲裁模刃口尺寸配加工计算法适用于各种_____刃口尺寸的计算。落料时应以_____来配加工凸模，并按凹模磨损后尺寸_____、_____和_____的规律分三类情况分别计算。冲孔时应以_____来配作凹模，凸模同样根据以上磨损分类原理来分析计算。

（16）米奇心形挂坠冲孔落料连续模凹模选用材料是_____，热处理要求是_____。

（17）凸、凹模使用的材料有_____、_____、有色金属、_____及其他材料等。材料种类很广，但不同的材料，对模具的_____、使用性能及_____，乃至_____均有极大影响。

（18）通常情况下，凸、凹模选用钢材制造，经热处理后从性能上来说应达到以下五点要求：_____性和_____好；_____强度和_____强度高；_____方便；_____变形小；_____便宜。

作业练习 2：审阅图纸，按图纸要求填写资料。

（1）凹模的外形尺寸_____。
（2）凹模的材料是_____。
（3）凹模是冲裁模具的主要工作零件，制造工艺上的特殊要求是_____。
（4）凹模的结构特点有_____形孔、_____形孔、_____形孔、_____螺纹孔、_____螺纹孔、_____销钉孔、_____销钉孔、_____定位钉孔。

（5）米奇形孔的中心位置_____。

（6）心形孔的中心位置_____。

（7）圆形孔的中心位置_____。

（8）漏料孔的高度尺寸是_____。

作业练习3：构建凹模零件实体模型，如图3.8所示。

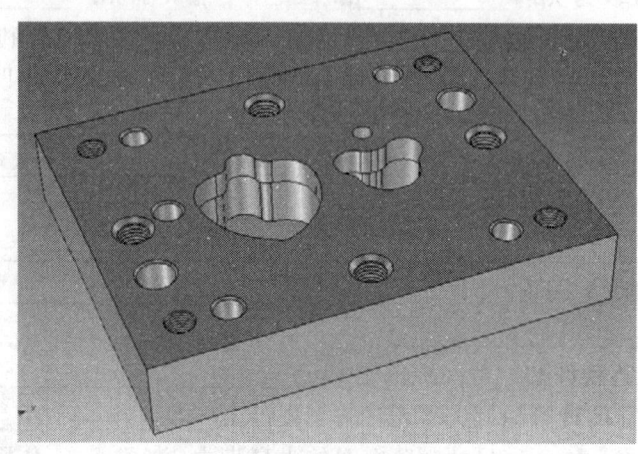

图3.8　凹模实体模型

2. 制订凹模零件加工工艺

（1）根据车间现有的技术条件（设备、刀具等），制订凹模零件加工工艺（见表3.10）。

表3.10　模具零件加工工艺卡

零件名称			零件材料			共　　页
零件编号			毛坯尺寸			第　　页
序号	工序名称	工序内容	设备	刀具	计划工时/min	备注
1						
2						
3						
4						
5						
6						
7						
8						
9						
10						

制订（日期）：　　　　　　审核（日期）：　　　　　　教师批准（日期）：

（2）根据车间现有的技术条件（设备等）及凹模零件加工工艺，编制数控加工程序单（见表3.11）。

表3.11 数控加工程序单

零件名称			零件材料			共 页	
零件编号			零件尺寸			第 页	
序号	工序名称	工序内容		设备	刀具	程序号	备注
1							
2							
3							
4							
5							
6							

3．加工实施

模具制造负责人完成、检查上述各工艺表格，组织、分配小组成员实施零件加工。

（1）备料：外购材料。

（2）材料加工前处理：材料加工前要检查备料尺寸，钳工修锉，去除毛刺，进行必要的找正、划线操作，做粗加工前准备。

（3）编制数控加工程序：根据零件加工工艺编制数控铣、数控线切割加工程序。

（4）粗加工：采用铣床、钻床等机床对零件进行粗加工，零件外表面单边留0.2～0.25 mm精磨余量，各螺纹孔、通孔及不再精加工的形位按图纸要求加工，各数控线切割形位预制穿丝工艺孔，钳工检查、修锉，做热处理前准备。

（5）热处理：Cr12MoV材料的热处理为淬火+低温回火。

（6）精加工：按图纸要求磨削加工零件各外表面（精基准面）。

（7）数控线切割：加工各形位、销钉孔、定位钉孔等，完成凹模零件加工。

（8）检测前处理：钳工清理、修锉凹模零件，去毛刺，做零件检测前准备。

4．零件质量检测

模具制造负责人组织小组成员对零件进行质量检测，填写零件加工质量检验报告单（见表3.12）。

四、学习评价

完成凹模零件加工、检测后，对本学习过程进行综合小结评价，并填写学习评价表（见表3.13）。

表 3.12 模具零件加工质量检验报告单

编号：

零件名称	凹模		零件编号		QGMJ-06-05	
序号	检测项目	量具	自检数值	互检数值	专检数值	
1	100, 80		☐合格 ☐不合格	☐合格 ☐不合格	☐合格 ☐不合格	
2	18, 6		☐合格 ☐不合格	☐合格 ☐不合格	☐合格 ☐不合格	
3	80, 60, 4×M8 通孔		☐合格 ☐不合格	☐合格 ☐不合格	☐合格 ☐不合格	
4	80, 60, 4×M6 通孔		☐合格 ☐不合格	☐合格 ☐不合格	☐合格 ☐不合格	
5	$4 \times \phi 6_0^{+0.02}$		☐合格 ☐不合格	☐合格 ☐不合格	☐合格 ☐不合格	
6	心形型孔尺寸及位置尺寸		☐合格 ☐不合格	☐合格 ☐不合格	☐合格 ☐不合格	
7	米奇形型孔尺寸及位置尺寸		☐合格 ☐不合格	☐合格 ☐不合格	☐合格 ☐不合格	
8	圆形型孔尺寸及位置尺寸		☐合格 ☐不合格	☐合格 ☐不合格	☐合格 ☐不合格	
9	31.5±0.01, 3±0.01, $\phi 6_0^{+0.02}$ 通		☐合格 ☐不合格	☐合格 ☐不合格	☐合格 ☐不合格	
10	80, 15, $4 \times \phi 8_0^{+0.02}$		☐合格 ☐不合格	☐合格 ☐不合格	☐合格 ☐不合格	
11	漏料孔尺寸		☐合格 ☐不合格	☐合格 ☐不合格	☐合格 ☐不合格	

续表

	检测人签名（日期）				
质量分析与解决方法	制造者填写	□合格 □让步接收 □返工 □返修 □报废 加工者：　　　　　　　　　　　　　日期：			
	制造负责人填写	□合格 □让步接收 □返工 □返修 □报废 小组长：　　　　　　　　　　　　　日期：			
分析与点评	教师填写	□合格 □让步接收 □返工 □返修 □报废 教　师：　　　　　　　　　　　　　日期：			

表 3.13　学习评价表

班级		姓名		学号		日期	
任务名称							
自我评价	1	遵守安全规则，着装、劳动防护规范				□是	□否
	2	安全、文明生产				□是	□否
	3	利用课外教材、网络资源等途径查找有效信息				□是	□否
	4	完成模具零件的实体结构设计				□是	□否
	5	参与小组的讨论				□是	□否
	6	参与制订模具零件的加工工艺卡				□是	□否
	7	参与完成分配的模具零件加工任务				□是	□否
	8	进行模具零件质量检测				□是	□否
	9	完成工作页的填写				□是	□否
	10	学习效果自评等级：□优　□良　□中　□合格　□不合格					
	11	总结与反思：					
小组评价	12	遵守课堂纪律				□优　□良　□中　□其他	
	13	安全意识与安全操作					
	14	能积极配合小组成员完成工作任务					
	15	在小组讨论中能积极发言					
	16	能够清晰表达自己的观点					
	17	在工作中的表现					
	18	对自己的客观评价					
	19	学习效果小组评等级：□优　□良　□中　□合格　□不合格					
	20	小组综合评价：					
教师评价	21	学习效果教师评等级：□优　□良　□中　□合格　□不合格					
	22	教师综合评价： 教师签名：　　　　　　　　年　　月　　日					

五、学习拓展

1. 查找教材或网络资源，了解冲裁模凹模材料的种类及特点。

2. 为什么有些模具凹模要采用镶拼结构？

3. 模具材料热处理的方式及作用？

4. 求图 3.9 所示垫圈零件的冲孔落料刃口尺寸。

已知：间隙 Z_{max} = 0.36 mm，Z_{min} = 0.24 mm，磨损系数 X 落料取 0.5，冲孔取 0.75。

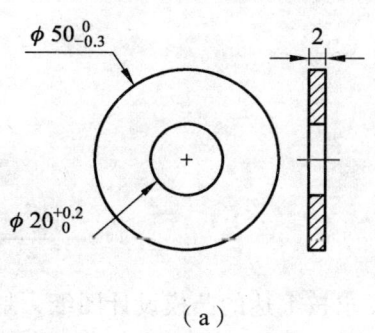
（a）

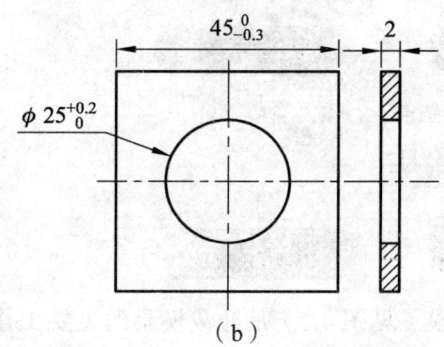
（b）

图 3.9　垫圈

学习任务4　凸模实体设计与制造

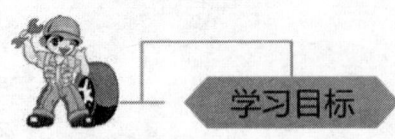

（1）能根据冲孔落料连续模工作特点认识凸模的结构；
（2）能叙述凸模各组成部分及其作用；
（3）能根据模具制造要求及设备情况，讨论并制订工作计划；
（4）能按凸模图纸构建实体模型；
（5）能制订凸模零件的加工工艺；
（6）能编制凸模零件的数控加工程序；
（7）能按照安全文明生产操作规程的要求规范实施加工；
（8）能查阅模具材料手册，认识凸模的常用材料及性能；
（9）能利用课外教材、网络资源等途径查找有效信息。

20学时。

凸模（见图4.1）是冲裁模具的主要工作零件，现要求按下达的凸模设计图纸，制订工作计划，拟订模具零件加工工艺，完成凸模零件加工。

图4.1　凸模

一、知识准备

（1）凸模的结构设计。

凸模一般分成两部分：一部分为冲裁的刃口部分；另一部分为连接的固定部分。凸模工作部分的截面形状与相对应的凹模型孔一致，刃口尺寸可按凸模刃口尺寸公式计算获得，也可按凹模实际尺寸配制获得（见图 4.2～4.4）。

（2）凸模有哪些结构形式？

凸模的结构形式按工作部分与固定部分是否相同分为两种。

① 直通式。

直通式凸模工作部分与固定部分的形状和尺寸完全相同（见图 4.2 和图 4.3）。此类凸模可以将材料整体淬火后，用线切割加工成形，常用于刃口为非圆形的凸模。

② 阶梯式。

阶梯式凸模一般用作凸模截面较小、强度不太好的凸模，若工作部分为圆形，其固定部分也为圆形，只是直径由刃口到固定端逐渐加大，如图 4.4 所示。圆形阶梯式凸模常用车、磨加工；若刃口为非圆形，固定端多用方形、矩形，常用仿形铣或数控铣加工之后再用成形磨削加工；若工作部分为非圆形、固定部分为圆形，则要加上止转销。

（3）凸模有哪些固定方法？

凸模固定到固定板中的配合或间隙：对不要求常拆换的凸模用 N7/m6 或 M7/m6（双边约 0.02 mm 过盈），需要经常更换的凸模一般用 H7/h6（双边约 0.01 mm 的间隙）。

① 铆接固定法。

铆接固定法一般用作非圆形小截面直通式凸模的固定，就是将固定板的型孔倒角后，再将反铆后的凸模装入，最后一起磨平形成整体，如图 4.5 所示。

② 台肩固定法。

台肩固定法一般用作圆形小截面台阶式凸模的固定，将固定板的型孔做成与凸模固定部分形状一致，然后装入凸模，形成整体，如图 4.6 所示。

③ 直通式凸模的横销固定法。

直通式凸模的横销固定方法是在凸模的尾部加工一横孔后穿入横销，在固定板的背面（与垫板接触的面）铣出横销让位台阶，将带有横销的凸模装入固定板型孔后，将凸模尾部和固定板背面一起磨平，如图 4.7 所示。

④ 螺钉、销钉固定法。

此方法用于圆形或非圆形直通式大截面有螺钉、销钉分布位置的凸模的固定，如图 4.8 所示。用此法固定时，固定板上无型孔，加工容易，且凸模长度短节省材料。

⑤ 低熔点合金黏结法。

低熔点合金黏结法如图 4.9 所示，凸模采用黏结方法固定，黏结剂一般使用低熔点合金或环氧树脂，可大大简化模具的加工工艺及装配工艺。

⑥ 快换凸模。

快换凸模如图 4.10 所示，在大批量生产时，预制一批可互换的凸模，可快速更换，适应生产及维修的需要。

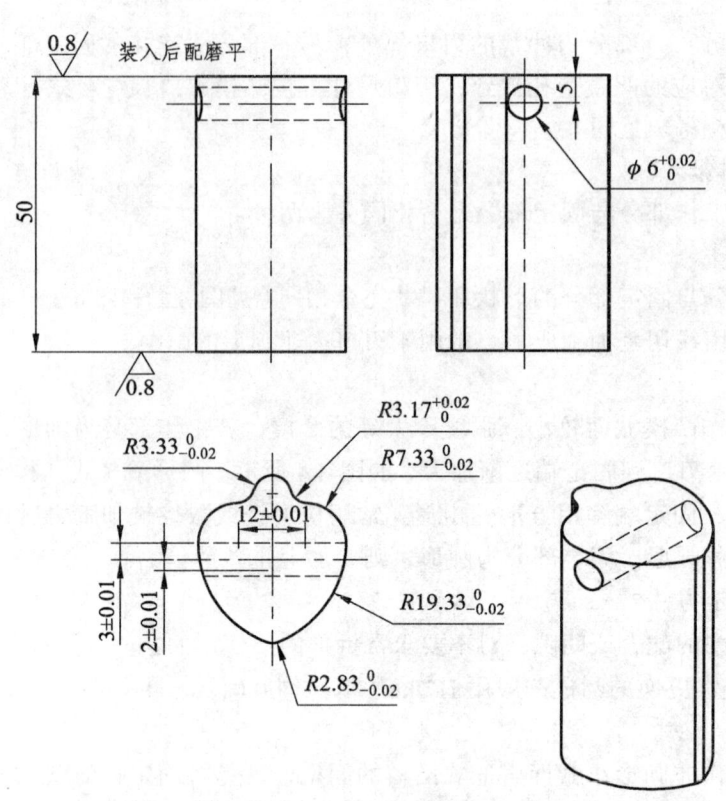

技术要求
1. 热处理：HRC58~62；
2. 刃口锋利；
3. 其余锐边倒钝；
4. 未注尺寸公差按GB/T 1800.3—1998 IT12级。

图 4.2　心形凸模零件图

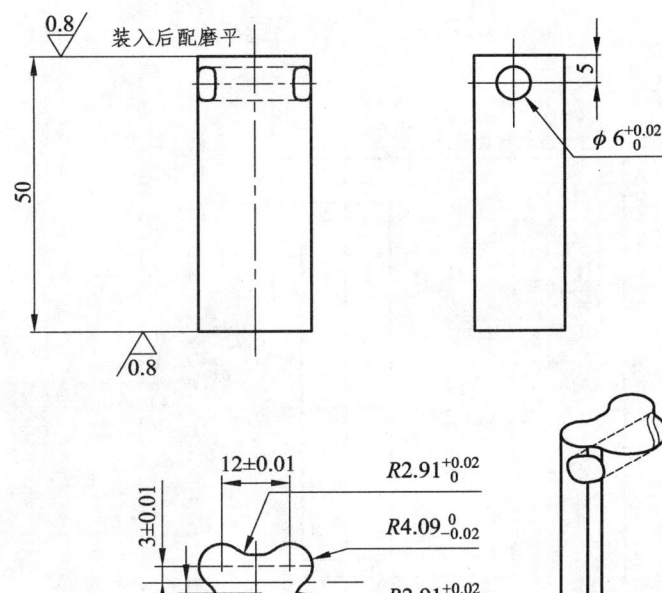

技术要求
1. 热处理：HRC58~62；
2. 刃口锋利；
3. 其余锐边倒钝；
4. 未注尺寸公差按GB/T 1800.3—1998 IT12级。

图 4.3　米奇凸模零件图

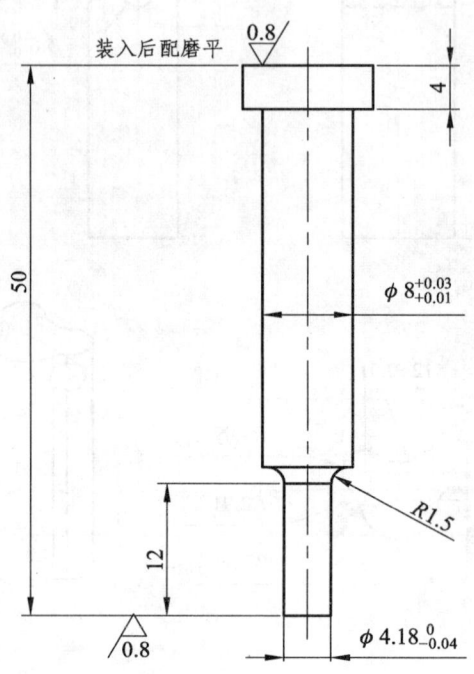

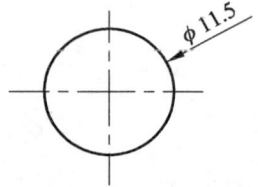

技术要求
1. 热处理：HRC58~62;
2. 刃口锋利;
3. 其余锐边倒钝;
4. 未注尺寸公差按GB/T 1800.3—1998 IT12级。

图 4.4　圆形冲孔凸模零件图

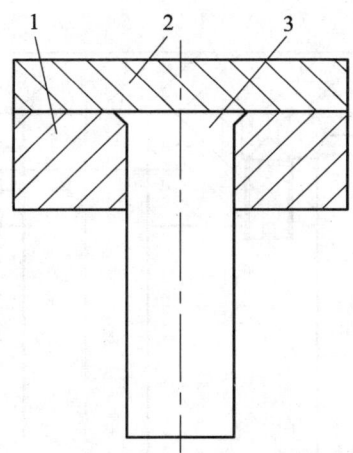

图 4.5　铆接固定法

1—凸模固定板；2—垫板；3—凸模

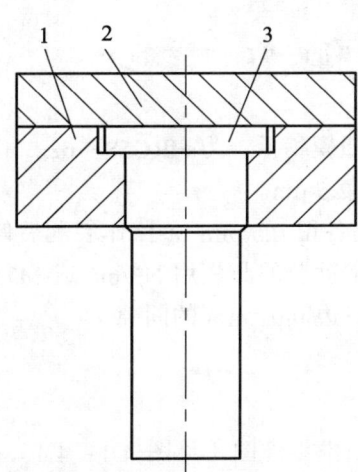

图 4.6　台肩固定法

1—凸模固定板；2—垫板；3—凸模

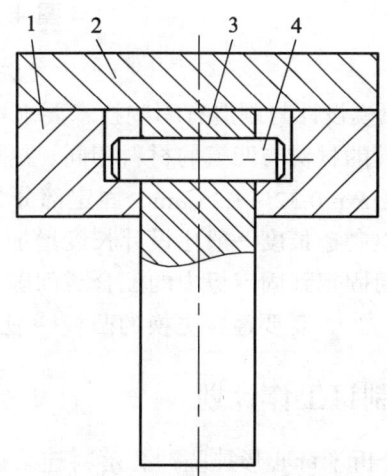

图 4.7　直通式凸模的横销固定方法

1—凸模固定板；2—垫板；3—凸模；4—横销

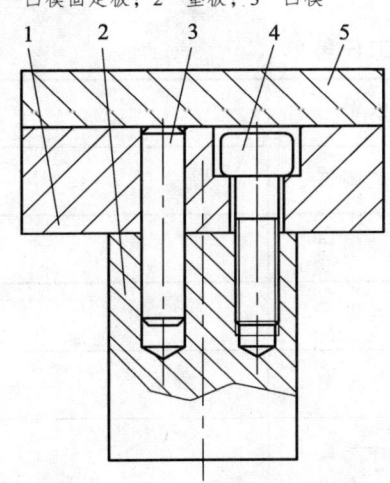

图 4.8　螺钉、销钉固定法

1—凸模固定板；2—凸模；3—销钉；4—螺钉；5—垫板

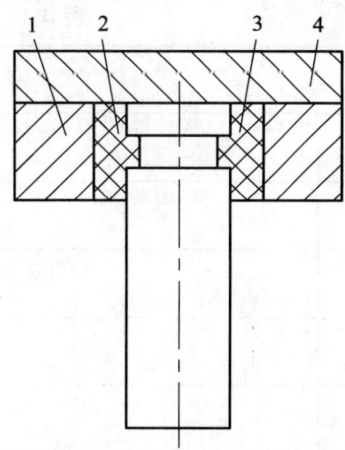

图 4.9　低熔点合金黏结法

1—凸模固定板；2—垫板；3—凸模；4—横销

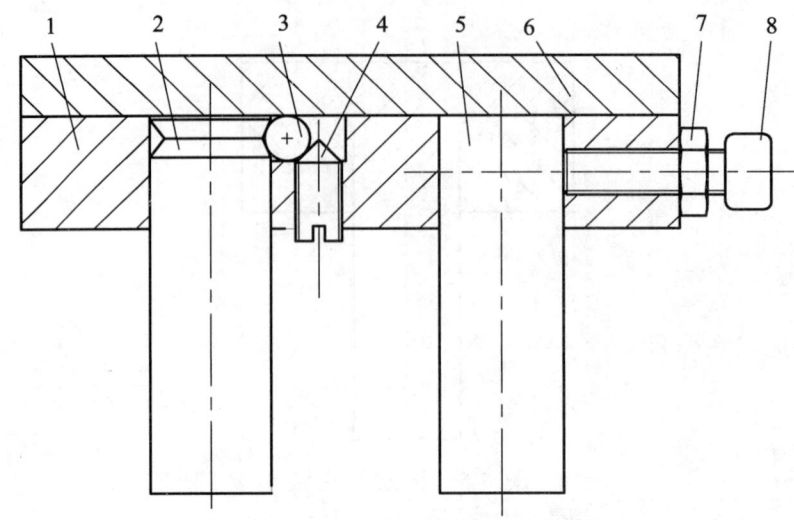

图 4.10　快换凸模

1—凸模固定板；2—凸模；3—钢珠；4—螺钉；5—凸模；6—垫板；7—螺母；8—螺钉

（4）凸模设计与制造有哪些技术要求？

① 凸模的材料与凹模的材料相同。热处理硬度比凹模稍低，为 HRC58~62。工作部分的表面粗糙度 Ra=0.32~1.25 μm，固定部分为 Ra=0.63~2.5 μm。

② 凸模制造长度一般比设计长度增加 1 mm（两端各留 0.5 mm），留作装配后修磨。

③ 凸模固定到固定板中的配合或间隙：对不要求常拆换的凸模用 N7/m6 或 M7/m6（双边 0.02 mm 过盈），需要经常更换的凸模一般用 H7/h6（双边 0.01 mm 的间隙）。

二、制订工作计划

审阅分析米奇心形挂坠冲孔落料连续模装配图及凸模零件图（见图 4.1~4.4），制订模具零件加工任务单（见表 4.1），明确模具结构与工作原理，明确工作任务要求，明确模具零件的材料性能，制订模具零件加工工作计划，为模具零件加工做准备。

表 4.1　模具零件加工任务单

模具零件加工任务单			
模具名称		工艺制订	
零件名称		数控编程	
零件编号		加工操作	
制造数量		质量检测	
预计开始		预计完成	

任务制订（日期）：　　　　　　　　　　审核（日期）：

三、任务实施

1. 审阅图纸，构建凸模零件实体模型

理解凸模的零件结构、设计基准及加工基准要求、尺寸及公差要求、形位公差要求、材料及热处理等技术要求，为制订凸模加工工艺卡、凸模加工、模具总体仿真装配做好准备。

作业练习1：填空。

（1）凸模一般分成两部分：一部分为＿＿＿＿＿＿＿＿＿＿＿＿＿＿＿＿；另一部分为＿＿＿＿＿＿＿＿＿＿＿＿＿＿＿＿。凸模工作部分的截面形状与相对应的凹模型孔一致，刃口尺寸可按＿＿＿＿＿＿＿＿＿＿＿＿进行计算获得，也可按＿＿＿＿＿＿＿＿＿＿＿＿＿＿＿＿配制获得。

（2）凸模的结构形式按工作部分与固定部分是否相同分为两种：＿＿＿＿＿＿＿＿凸模与＿＿＿＿＿＿＿＿＿＿＿＿＿＿＿＿凸模。

（3）直通式凸模工作部分与固定部分的＿＿＿＿＿＿＿＿＿＿＿＿＿＿＿＿＿＿。此类凸模可以将材料＿＿＿＿＿＿＿＿＿＿＿＿＿＿＿＿＿后，用＿＿＿＿＿＿＿＿＿＿加工成形，常用于＿＿＿＿＿＿＿＿＿＿＿＿＿＿＿＿＿＿＿＿的凸模。

（4）阶梯式凸模一般用作＿＿＿＿＿＿＿＿＿＿＿较小、＿＿＿＿＿＿＿＿＿＿的凸模，若工作部分为＿＿＿＿＿＿＿＿＿＿＿＿，其固定部分也为＿＿＿＿＿＿＿＿＿，只是直径由＿＿＿＿＿＿＿＿＿＿＿＿＿＿＿＿逐渐加大。圆形阶梯式凸模常用＿＿＿＿＿＿＿＿＿＿加工；若刃口为非圆形，固定端多用＿＿＿＿＿＿＿＿＿＿＿＿＿＿，常用＿＿＿＿＿＿＿＿＿或者＿＿＿＿＿＿＿＿＿＿加工之后再用＿＿＿＿＿＿＿加工；若工作部分为＿＿＿＿＿＿＿＿、固定部分为＿＿＿＿＿＿＿＿＿＿＿，则要加上＿＿＿＿＿＿＿＿＿＿。

（5）凸模固定方法有：＿＿＿＿＿＿＿＿＿固定法、＿＿＿＿＿＿＿＿＿固定法、直通式凸模的＿＿＿＿＿＿＿、＿＿＿＿＿＿＿＿固定法、＿＿＿＿＿＿＿＿黏结法、＿＿＿＿＿＿＿＿＿凸模。

（6）凸模设计与制造的技术要求有：凸模的材料与＿＿＿＿＿＿＿＿＿＿的材料相同。热处理硬度＿＿＿＿＿＿＿＿＿，取为＿＿＿＿＿＿＿＿。工作部分的表面粗糙度＿＿＿＿＿＿μm，固定部分为＿＿＿＿＿＿＿μm。

（7）凸模制造长度一般比＿＿＿＿＿＿＿＿＿＿＿＿＿＿＿增加长＿＿＿＿＿＿mm（两端各留0.5 mm），留作＿＿＿＿＿＿＿＿＿＿＿＿＿＿＿＿＿＿。

（8）凸模固定到固定板中的配合或间隙：对不要求常拆换的凸模用＿＿＿＿＿＿＿＿＿或者＿＿＿＿＿＿＿＿＿＿＿＿＿＿＿，需要经常更换的凸模一般用＿＿＿＿＿＿＿＿＿＿＿。

作业练习2：审阅图纸，按图纸要求填写资料。

（1）心形凸模的最大外形尺寸是＿＿＿＿＿＿＿＿＿＿＿＿＿＿＿＿＿＿＿＿＿＿＿＿＿。
（2）米奇凸模的最大外形尺寸是＿＿＿＿＿＿＿＿＿＿＿＿＿＿＿＿＿＿＿＿＿＿＿＿＿。
（3）凸模是冲裁模具的主要工作零件，制造工艺上的特殊要求是＿＿＿＿＿＿＿＿＿＿＿。
（4）心形凸模的结构特点＿＿＿＿＿＿＿＿＿＿＿＿＿＿＿＿＿＿＿＿＿＿＿＿＿＿＿＿＿。
（5）米奇凸模的结构特点＿＿＿＿＿＿＿＿＿＿＿＿＿＿＿＿＿＿＿＿＿＿＿＿＿＿＿＿＿。

（6）圆形冲孔凸模的结构特点_____。

作业练习 3：构建凸模零件实体模型，如图 4.11 所示。

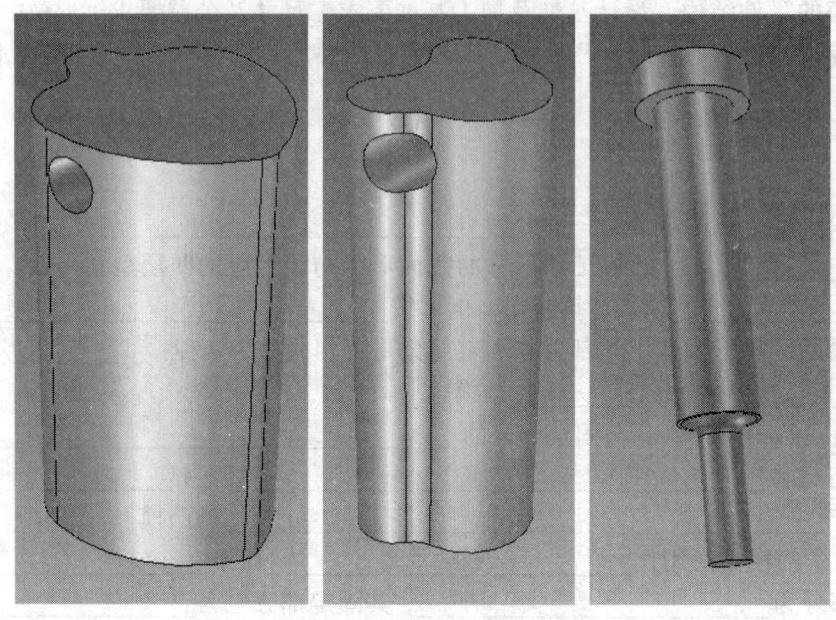

（a）心形凸模　　　　（b）米奇凸模　　　　（c）圆形冲孔凸模

图 4.11　凸模实体模型

2．制订凸模零件加工工艺

（1）根据车间现有的技术条件（设备、刀具等），制订凸模零件加工工艺（见表 4.2～4.4）。

表 4.2　模具零件加工工艺卡

零件名称			零件材料			共　页
零件编号			毛坯尺寸			第　页
序号	工序名称	工序内容	设备	刀具	计划工时/min	备注
1						
2						
3						
4						
5						
6						
7						
8						
9						
10						

制订（日期）：　　　　　审核（日期）：　　　　　教师批准（日期）：

表4.3　模具零件加工工艺卡

零件名称			零件材料			共　页
零件编号			毛坯尺寸			第　页
序号	工序名称	工序内容	设备	刀具	计划工时/min	备注
1						
2						
3						
4						
5						
6						
7						
8						
9						
10						

制订（日期）：　　　　审核（日期）：　　　　教师批准（日期）：

表4.4　模具零件加工工艺卡

零件名称			零件材料			共　页
零件编号			毛坯尺寸			第　页
序号	工序名称	工序内容	设备	刀具	计划工时/min	备注
1						
2						
3						
4						
5						
6						
7						
8						
9						
10						

制订（日期）：　　　　审核（日期）：　　　　教师批准（日期）：

（2）根据车间现有的技术条件（设备等）及凸模零件加工工艺，编制数控加工程序单（见表4.5）。

表 4.5 数控加工程序单

零件名称			零件材料			共 页
零件编号			零件尺寸			第 页
序号	工序名称	工序内容	设备	刀具	程序号	备注
1						
2						
3						
4						
5						
6						

3．加工实施

模具制造负责人完成、检查上述各工艺表格，组织、分配小组成员实施零件加工。

（1）备料：外购材料。

（2）材料加工前处理：材料加工前要检查备料尺寸，钳工修锉，去除毛刺，进行必要的找正、划线操作，做粗加工前准备。

（3）编制数控加工程序：根据零件加工工艺编制数控线切割加工程序。

（4）粗加工：采用普车床、钻床等机床对零件进行粗加工，零件外表面单边留 0.5 mm 精磨余量，各数控线切割形位预制穿丝工艺孔，钳工检查、修锉，做热处理前准备。

（5）热处理：Cr12MoV 材料的热处理为淬火+低温回火。

（6）精加工：按图纸要求磨削加工零件各外表面（精基准面）。

（7）数控线切割：加工各形位、销钉孔等，完成凸模零件加工。

（8）检测前处理：钳工清理、修锉凸模零件，去毛刺，做零件检测前准备。

4．零件质量检测

模具制造负责人组织小组成员对零件进行质量检测，填写零件加工质量检验报告单（见表4.6）。

四、学习评价

完成凸模零件加工、检测后，对本学习过程进行综合小结评价，并填写学习评价表（见表4.7）。

表 4.6　模具零件加工质量检验报告单

编号：

零件名称	心形凸模 米奇凸模 圆形凸模		零件编号	QGMJ-06-11 QGMJ-06-12 QGMJ-06-13
序号	检测项目	量具	自检数值	互检数值	专检数值

序号	检测项目	量具	自检数值	互检数值	专检数值
1	心形凸模刃口尺寸		□合格 □不合格	□合格 □不合格	□合格 □不合格
2	50（心形凸模）		□合格 □不合格	□合格 □不合格	□合格 □不合格
3	5, $\phi 6_0^{+0.02}$ （心形凸模）		□合格 □不合格	□合格 □不合格	□合格 □不合格
4	米奇凸模刃口尺寸		□合格 □不合格	□合格 □不合格	□合格 □不合格
5	50（米奇凸模）		□合格 □不合格	□合格 □不合格	□合格 □不合格
6	5, $\phi 6_0^{+0.02}$ （米奇凸模）		□合格 □不合格	□合格 □不合格	□合格 □不合格
7	50, 4, 12 （圆形凸模）		□合格 □不合格	□合格 □不合格	□合格 □不合格
8	$\phi 11.5$ （圆形凸模）		□合格 □不合格	□合格 □不合格	□合格 □不合格
9	$\phi 8_{+0.01}^{+0.03}$ （圆形凸模）		□合格 □不合格	□合格 □不合格	□合格 □不合格
10	$\phi 4.18_{-0.04}^{0}$ （圆形凸模）		□合格 □不合格	□合格 □不合格	□合格 □不合格

续表

		检测人签名（日期）			
质量分析与解决方法	制造者填写	☐合格　☐让步接收　☐返工　☐返修　☐报废 加工者：　　　　　　　　　　　　　　日期：			
	制造负责人填写	☐合格　☐让步接收　☐返工　☐返修　☐报废 小组长：　　　　　　　　　　　　　　日期：			
分析与点评	教师填写	☐合格　☐让步接收　☐返工　☐返修　☐报废 教　师：　　　　　　　　　　　　　　日期：			

表4.7　学习评价表

班级		姓名		学号		日期	
任务名称							
自我评价	1	遵守安全规则，着装、劳动防护规范			□是		□否
	2	安全、文明生产			□是		□否
	3	利用课外教材、网络资源等途径查找有效信息			□是		□否
	4	完成模具零件的实体结构设计			□是		□否
	5	参与小组的讨论			□是		□否
	6	参与制订模具零件的加工工艺卡			□是		□否
	7	参与完成分配的模具零件加工任务			□是		□否
	8	进行模具零件质量检测			□是		□否
	9	完成工作页的填写			□是		□否
	10	学习效果自评等级：□优　□良　□中　□合格　□不合格					
	11	总结与反思：					
小组评价	12	遵守课堂纪律			□优　□良　□中　□其他		
	13	安全意识与安全操作					
	14	能积极配合小组成员完成工作任务					
	15	在小组讨论中能积极发言					
	16	能够清晰表达自己的观点					
	17	在工作中的表现					
	18	对自己的客观评价					
	19	学习效果小组评等级：□优　□良　□中　□合格　□不合格					
	20	小组综合评价：					
教师评价	21	学习效果教师评等级：□优　□良　□中　□合格　□不合格					
	22	教师综合评价： 教师签名：　　　　　　　　　年　月　日					

五、学习拓展

1. 分析理解图 4.12 中几种凸模的固定法。

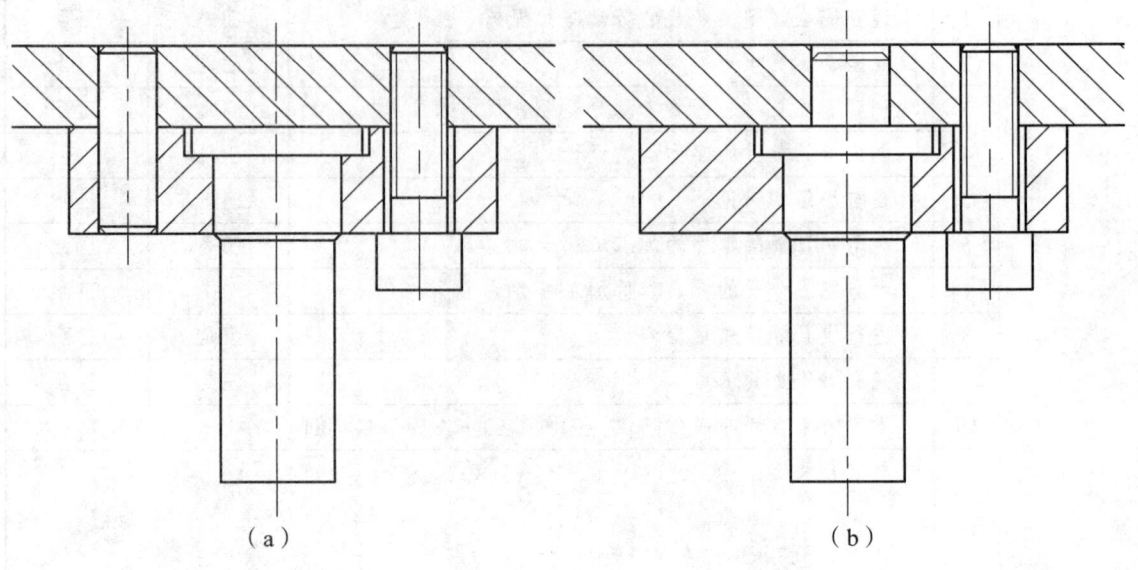

(a)　　　　　　　　　　　　(b)

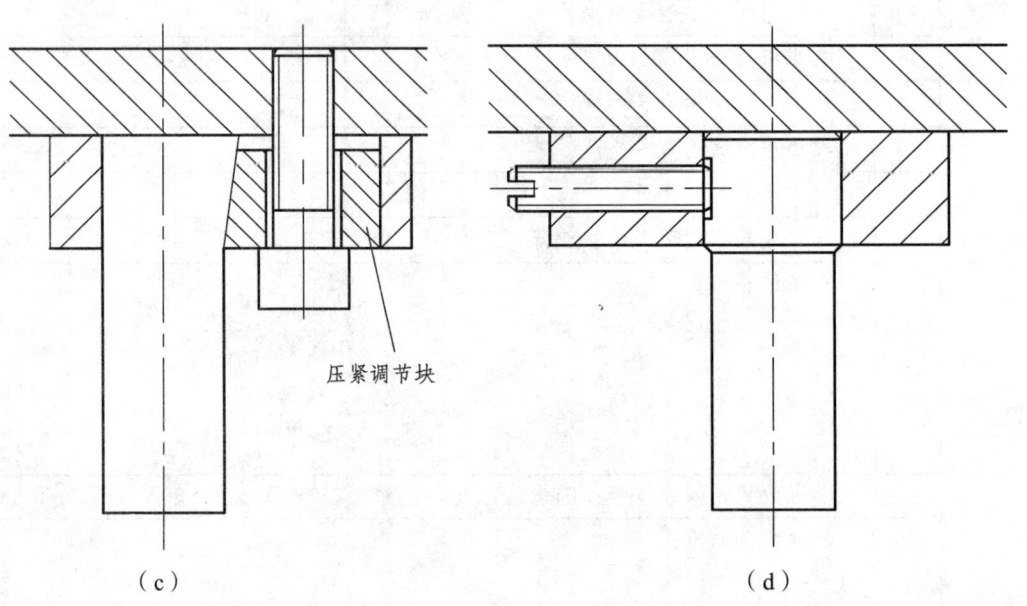

压紧调节块

(c)　　　　　　　　　　　　(d)

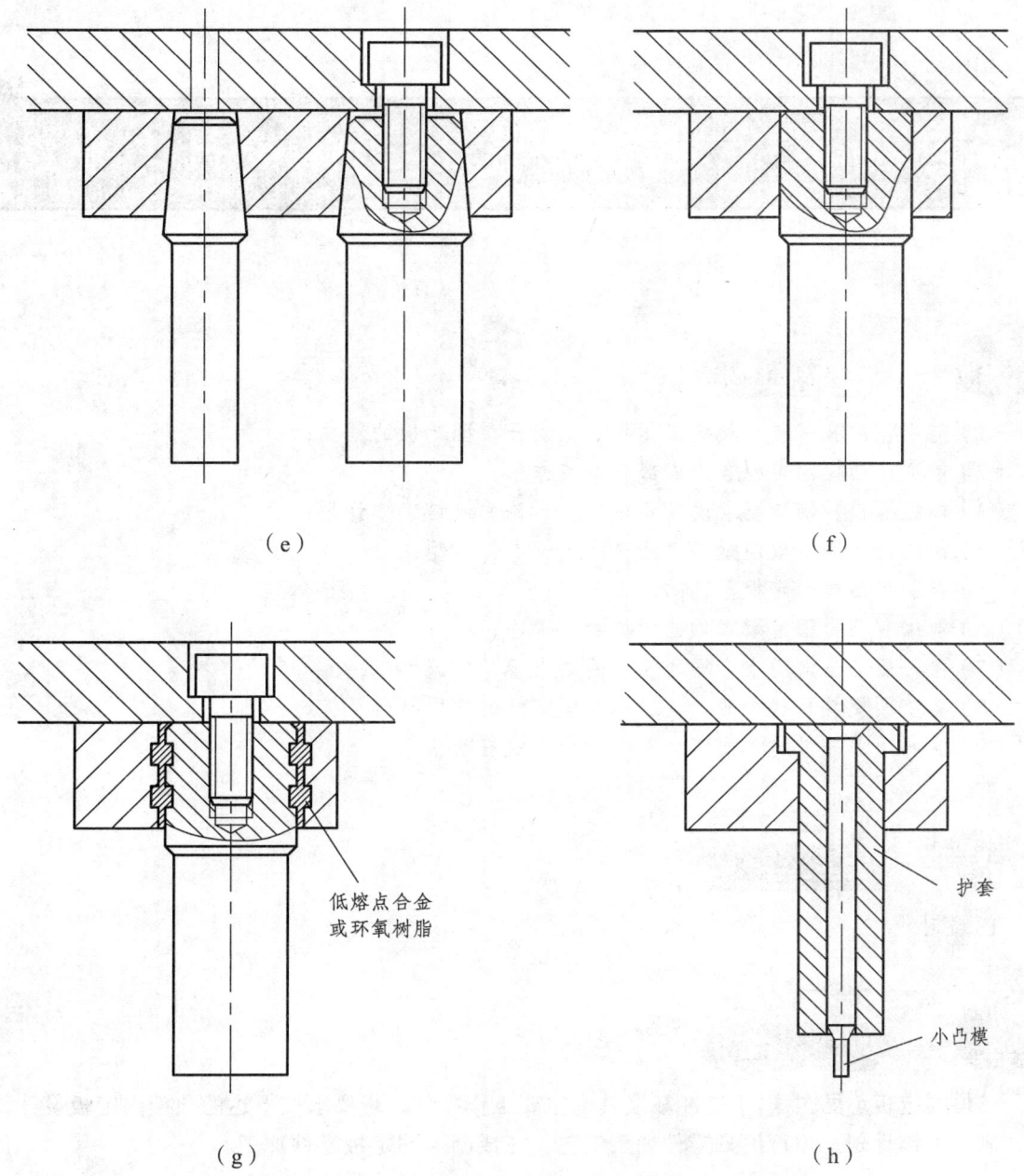

图 4.12 凸模固定方法

2. 为什么有些模具凸模也要采用镶拼结构？

3. 查找教材或网络资源，了解更多冲裁模凸模的种类及安装特点。

学习任务5　凸模固定板实体设计与制造

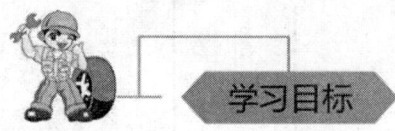

（1）能根据冲孔落料连续模工作特点认识凸模固定板的结构；
（2）能说出凸模固定板各组成部分及其作用；
（3）能根据模具制造要求及设备情况，讨论并制订工作计划；
（4）能按凸模固定板图纸构建凸模固定板实体模型；
（5）能制订凸模固定板零件的加工工艺；
（6）能编制凸模固定板零件的数控加工程序；
（7）能按照安全文明生产操作规程的要求规范实施加工；
（8）能查阅模具材料手册，认识凸模固定板的常用材料及性能；
（9）能利用课外教材、网络资源等途径查找有效信息。

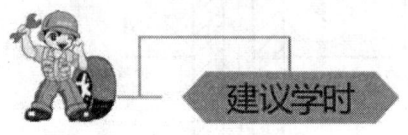

18学时。

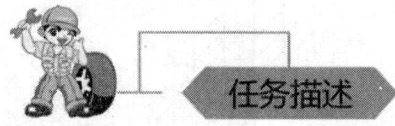

凸模固定板（见图5.1）是冲裁模具的主要工作零件，现要求按下达的凸模固定板设计图纸，制订工作计划，拟订模具零件加工工艺，完成凸模固定板零件加工。

图5.1　凸模固定板

学习任务 5 凸模固定板实体设计与制造

一、知识准备

（1）固定板有什么作用？

固定板的作用是将多个凸模（或凹模）按位置关系连成整体，并通过螺钉、销钉固定在上（或下）模座上。

（2）固定板的常用材料？

固定板的常用材料为 45 号钢。45 号钢为优质碳素结构用钢，硬度不高易切削加工，模具中常用来做模板、销子、导柱等，并根据模具实际要求进行热处理（调质处理）。

（3）固定板设计与制造有哪些技术要求？

① 固定板的厚度可取凹模厚度的 0.6～0.8 倍。

② 凸（凹）模与固定板常采用 H7/n6 或 H7/m6 配合。

③ 为确保模具正常工作，凸模压入固定板后，其尾部应与固定板压入平面同磨修平。

（4）米奇心形挂坠冲孔落料连续模-凸模固定板有什么设计特点？

① 米奇凸模及心形凸模采用直通式设计，凸模工作部分与固定部分的形状和尺寸完全相同，固定板采用凸模横销固定的设计，型孔尺寸按米奇凸模及心形凸模配合工艺计算获得。

② 冲孔凸模采用阶梯式设计，固定板上安装尺寸按冲孔凸模固定部分配合工艺计算获得。

③ 固定板材料选用 45 号钢，材料调质处理；各表面的表面粗糙度要求，各螺钉通孔、卸料螺钉安装孔等结构与相关零件配合。

二、制订工作计划

审阅分析米奇心形挂坠冲孔落料连续模装配图及凸模固定板零件图（见图 5.2），制订模具零件加工任务单（见表 5.1），明确模具结构与工作原理，明确工作任务要求，明确模具零件的材料性能，制订模具零件加工工作计划，为模具零件加工做准备。

表 5.1 模具零件加工任务单

模具零件加工任务单			
模具名称		工艺制订	
零件名称		数控编程	
零件编号		加工操作	
制造数量		质量检测	
预计开始		预计完成	
任务制订（日期）：		审核（日期）：	

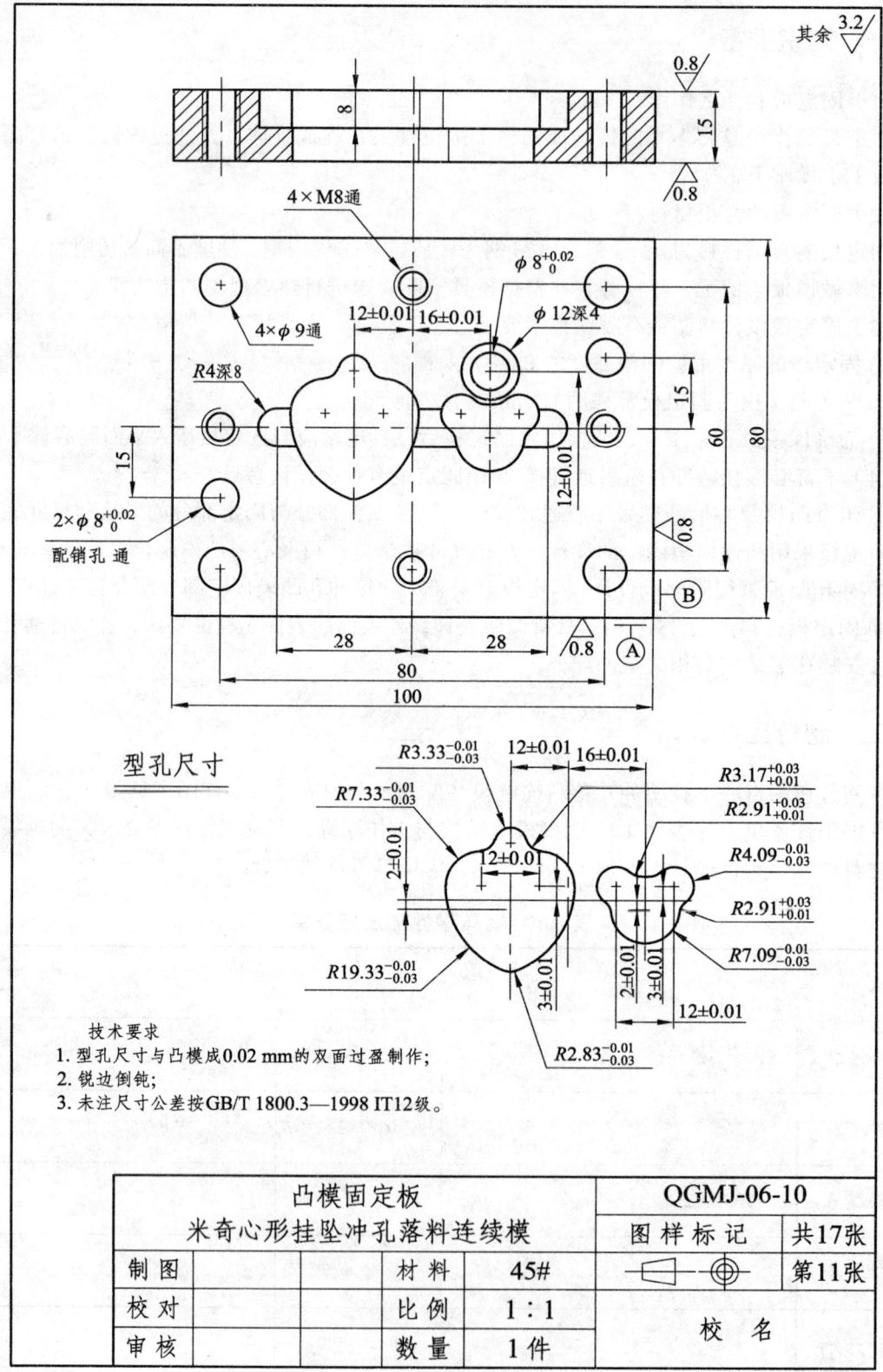

图 5.2 凸模固定板零件图

三、任务实施

1. 审阅图纸，构建凸模固定板零件实体模型

理解凸模固定板的零件结构、设计基准及加工基准要求、尺寸及公差要求、形位公差要求、材料及热处理等技术要求，为制订凸模固定板加工工艺卡、凸模固定板加工、模具总体仿真装配做好准备。

 作业练习1：填空。

（1）固定板是_____按位置关系连成整体，并通过_____上（或下）模座上。

（2）固定板的常用材料为45号钢，45号钢为_____，硬度不高_____，模具中常用来做模板、销子、导柱等，并根据模具实际要求进行_____。

（3）固定板的厚度可取_____倍。

（4）凸（凹）模与固定板常采用_____配合。

（5）为确保模具正常工作，凸模压入_____后，其尾部应_____同磨修平。

（6）米奇凸模及心形凸模采用_____设计，凸模_____部分与_____部分的形状和尺寸_____，固定板采用凸模_____的设计，_____按米奇凸模及心形凸模_____工艺计算获得。

（7）冲孔凸模采用_____，固定板上安装尺寸按_____部分_____工艺计算获得。

（8）固定板材料选用_____，材料调质处理；各表面的表面粗糙度要求，各螺钉通孔、卸料螺钉安装孔等结构与相关零件配合。

 作业练习2：审阅图纸，按图纸要求填写资料。

（1）凸模固定板的外形尺寸_____。

（2）凸模固定板是冲裁模具的主要结构零件，凸模固定板的材料是_____。制造工艺上的特殊要求是_____。

（3）凸模固定板的结构特点有_____形孔、_____形孔、_____形孔、_____凸模沉孔、_____凸模横销安装沉孔、_____螺纹孔、_____通孔、_____销钉孔。

（5）米奇凸模的固定型孔中心位置_____。

（6）心形凸模的固定型孔中心位置_____。

（7）圆形凸模的固定型孔中心位置_____。

（8）横销安装沉孔的深度尺寸是_____。

（9）圆形凸模安装沉孔的深度尺寸是_____。

作业练习 3：构建凸模固定板零件实体模型，如图 5.3 所示。

2. 制订凸模固定板零件加工工艺

（1）根据车间现有的技术条件（设备、刀具等），制订凸模固定板零件加工工艺（见表 5.2）。

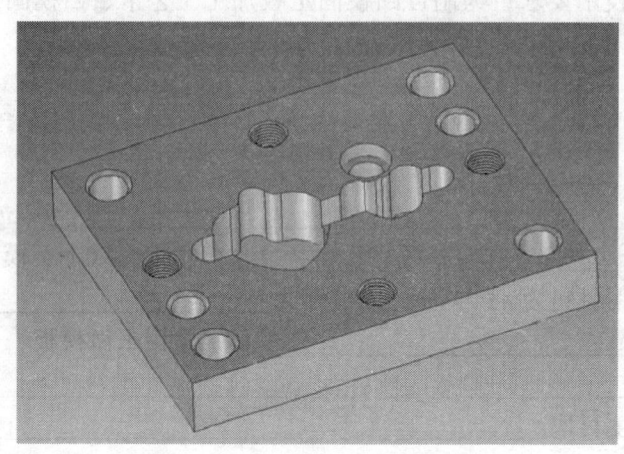

图 5.3　凸模固定板实体模型

表 5.2　模具零件加工工艺卡

零件名称		零件材料			共　页
零件编号		毛坯尺寸			第　页
序号	工序名称	工序内容	设备	刀具	计划工时/min	备注
1						
2						
3						
4						
5						
6						
7						
8						
9						
10						

制订（日期）：　　　　　审核（日期）：　　　　　教师批准（日期）：

（2）根据车间现有的技术条件（设备等）及凸模固定板零件加工工艺，编制数控加工程序单（见表5.3）。

表 5.3 数控加工程序单

零件名称		零件材料			共　页
零件编号		零件尺寸			第　页
序号	工序名称	工序内容	设备	刀具	程序号	备注
1						
2						
3						
4						
5						
6						

3．加工实施

模具制造负责人完成、检查上述各工艺表格，组织、分配小组成员实施零件加工。

（1）备料：外购材料。

（2）材料加工前处理：材料加工前要检查备料尺寸，钳工修锉，去除毛刺，做粗加工前准备。

（3）编制数控加工程序：根据零件加工工艺编制数控线切割加工程序。

（4）粗加工：采用铣床对零件进行粗加工，零件外表面单边留 0.2～0.25 mm 精磨余量。

（5）精加工：按图纸要求磨削加工零件各外表面（精基准面）。

（6）钳工：进行必要的找正、划线操作，按图纸要求加工各螺纹孔、通孔及各数控线切割形位预制穿丝工艺孔，检查、修锉，做线切割前准备。

（7）数控线切割：加工各形位、销钉孔。

（8）铣加工：采用铣床对零件进行横销安装沉孔、圆形凸模安装沉孔加工。

（9）检测前处理：钳工清理、修锉凸模固定板零件，去毛刺，做零件检测前准备。

4．零件质量检测

模具制造负责人组织小组成员对零件进行质量检测，填写零件加工质量检验报告单（见表5.4）。

表 5.4 模具零件加工质量检验报告单

编号：

零件名称	凸模固定板		零件编号		QGMJ-06-10	
序号	检测项目	量具	自检数值		互检数值	专检数值
1	100, 80		□合格 □不合格		□合格 □不合格	□合格 □不合格
2	15		□合格 □不合格		□合格 □不合格	□合格 □不合格
3	80, 60, 4×ϕ9 通		□合格 □不合格		□合格 □不合格	□合格 □不合格
4	80, 60, 4×M8 通		□合格 □不合格		□合格 □不合格	□合格 □不合格
5	80, 15, 2×$\phi 8_0^{+0.02}$		□合格 □不合格		□合格 □不合格	□合格 □不合格
6	28, 28, 8		□合格 □不合格		□合格 □不合格	□合格 □不合格
7	心形型孔尺寸及位置尺寸		□合格 □不合格		□合格 □不合格	□合格 □不合格
8	米奇型孔尺寸及位置尺寸		□合格 □不合格		□合格 □不合格	□合格 □不合格
9	圆形型孔尺寸及位置尺寸		□合格 □不合格		□合格 □不合格	□合格 □不合格
10	ϕ12 深 4		□合格 □不合格		□合格 □不合格	□合格 □不合格
检测人签名（日期）						

续表

质量分析与解决方法	制造者填写	☐合格　　☐让步接收　　☐返工　　☐返修　　☐报废
		加工者：　　　　　　　　　　　　　　　　日期：
	制造负责人填写	☐合格　　☐让步接收　　☐返工　　☐返修　　☐报废
		小组长：　　　　　　　　　　　　　　　　日期：
分析与点评	教师填写	☐合格　　☐让步接收　　☐返工　　☐返修　　☐报废
		教　师：　　　　　　　　　　　　　　　　日期：

四、学习评价

完成凸模固定板零件加工、检测后,对本学习过程进行综合小结评价,并填写学习评价表(见表5.5)。

表5.5 学习评价表

班级		姓名		学号		日期	
任务名称							
自我评价	1	遵守安全规则,着装、劳动防护规范			□是		□否
	2	安全、文明生产			□是		□否
	3	利用课外教材、网络资源等途径查找有效信息			□是		□否
	4	完成模具零件的实体结构设计			□是		□否
	5	参与小组的讨论			□是		□否
	6	参与制订模具零件的加工工艺卡			□是		□否
	7	参与完成分配的模具零件加工任务			□是		□否
	8	进行模具零件质量检测			□是		□否
	9	完成工作页的填写			□是		□否
	10	学习效果自评等级:□优 □良 □中 □合格 □不合格					
	11	总结与反思:					
小组评价	12	遵守课堂纪律			□优 □良 □中 □其他		
	13	安全意识与安全操作					
	14	能积极配合小组成员完成工作任务					
	15	在小组讨论中能积极发言					
	16	能够清晰表达自己的观点					
	17	在工作中的表现					
	18	对自己的客观评价					
	19	学习效果小组评等级:□优 □良 □中 □合格 □不合格					
	20	小组综合评价:					
教师评价	21	学习效果教师评等级:□优 □良 □中 □合格 □不合格					
	22	教师综合评价:					
		教师签名: 年 月 日					

五、学习拓展

1. 查找教材或网络资源,了解冲裁模凸模装入固定板过程有什么要求。

2. 若模具凸(凹)模采用镶拼结构,如何装入固定板?

3. 在经济允许的情况下,还可以用什么材料做凸模固定板?

4. 为什么凸模压入固定板后,其尾部要与固定板压入平面同磨修平?

学习任务6　卸料装置实体设计与制造

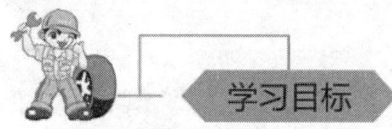

（1）能根据冲孔落料连续模工作特点认识卸料装置的结构；
（2）能说出卸料装置各组成部分及其作用；
（3）能根据模具制造要求及设备情况，讨论并制订工作计划；
（4）能按卸料装置图纸构建卸料装置实体模型；
（5）能制订卸料装置零件的加工工艺；
（6）能编制卸料装置零件的数控加工程序；
（7）能按照安全文明生产操作规程的要求规范实施加工；
（8）能查阅模具材料手册，认识卸料装置的常用材料及性能；
（9）能利用课外教材、网络资源等途径查找有效信息。

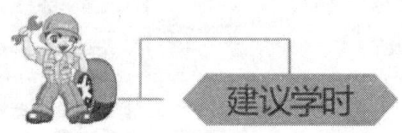

20学时。

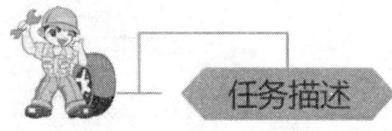

卸料装置（见图6.1）是冲裁模具的主要工艺零件，主要由卸料板、卸料螺钉、卸料橡胶等零件组成。现要求按下达的卸料装置设计图纸，制订工作计划，拟订模具零件加工工艺，完成卸料装置各零件加工。

图6.1　卸料板

一、知识准备

（1）卸料装置的作用？

卸料装置分为刚性卸料装置和弹性卸料装置两种。

刚性卸料装置卸料力大，工作可靠，常用于板料较厚的场合。刚性卸料装置可分为悬臂式和龙门式两种。

弹性卸料装置是通过弹簧或橡皮的作用来进行卸料。此种装置在冲压时既可卸料又可压料，特别适合薄料或制件要求平整的模具。生产实际中，除卸料力大用弹性卸料难以卸下的采用固定卸料以外，从方便操作的角度，一般都选用弹性卸料。

本模具采用弹性卸料装置卸料。

（2）卸料装置通常由什么构成？

卸料装置由卸料板、卸料螺钉、卸料弹簧或卸料橡皮组成。卸料板、卸料螺钉常用45号钢制作，根据模具实际要求进行热处理（调质处理）。卸料螺钉、卸料弹簧或卸料橡胶一般选用标准件。

（3）卸料装置设计与制造有哪些技术要求？

① 卸料板根据模具卸料结构选取 12～15 mm 的厚度。

② 卸料螺钉控制卸料板的长度要一致。

③ 为保护凸模和保证卸料顺畅，凸模一般缩在弹性卸料板内 0.5 mm。

④ 卸料板的型孔与各凸模之间的双面间隙为 0.1～0.2 mm。

⑤ 弹簧或橡皮要保证有足够的卸料力，工作时其外形尺寸不能与凸模发生干涉。

二、制订工作计划

审阅分析米奇心形挂坠冲孔落料连续模装配图及卸料装置各零件图（见图 6.2～6.4），制订模具零件加工任务单（见表 6.1），明确模具结构与工作原理，明确工作任务要求，明确模具零件的材料性能，制订模具零件加工工作计划，为模具零件加工做准备。

表 6.1 模具零件加工任务单

模具零件加工任务单			
模具名称		工艺制订	
零件名称		数控编程	
零件编号		加工操作	
制造数量		质量检测	
预计开始		预计完成	

任务制订（日期）： 　　　　　　　　审核（日期）：

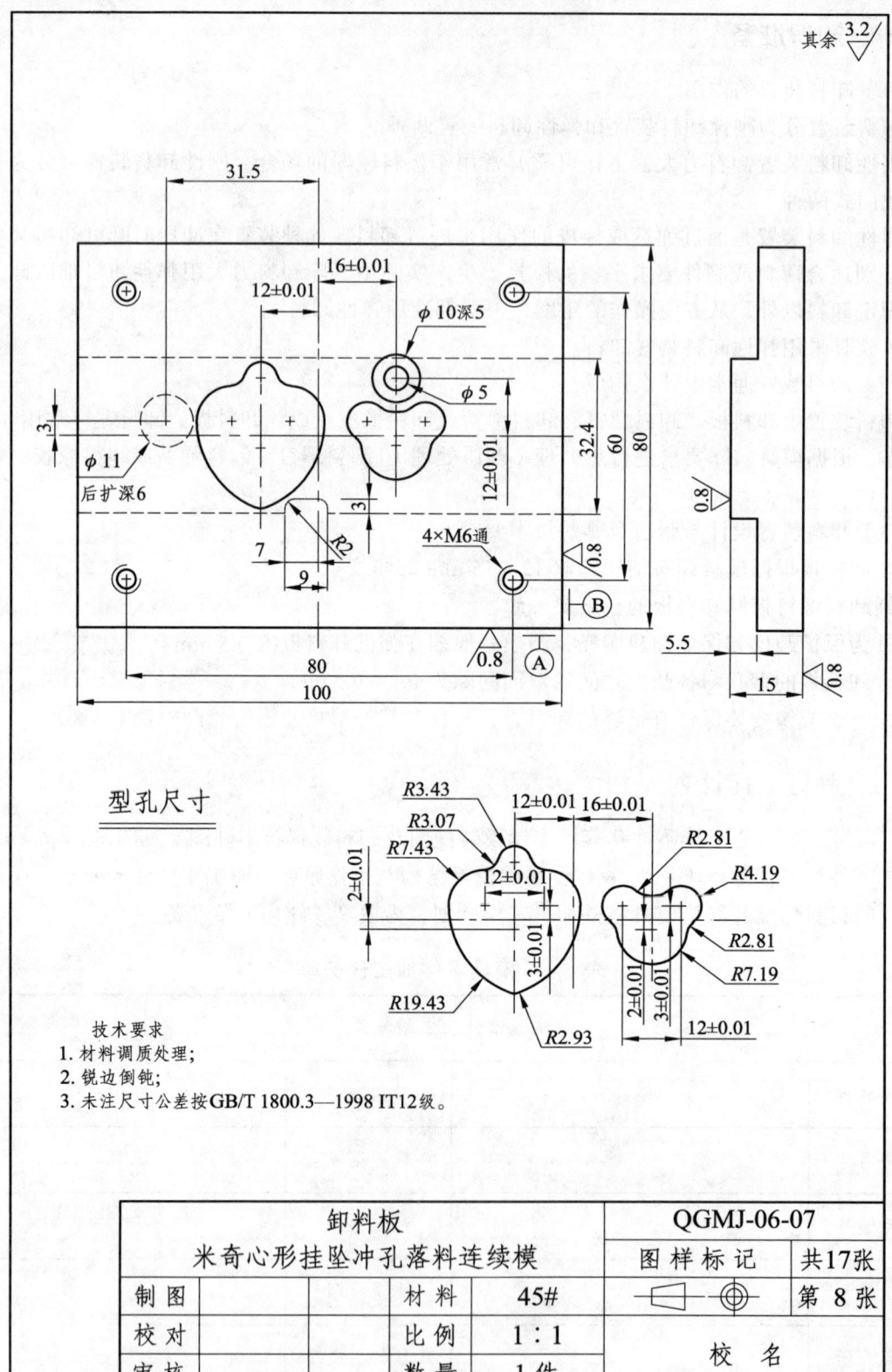

图 6.2　卸料板零件图

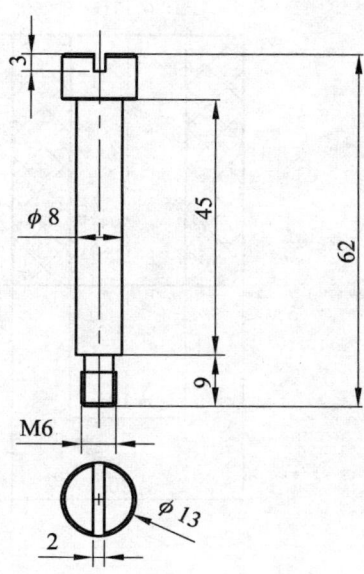

技术要求
1. 选用外购标准件；
2. 未注倒角为0.5×45°；
3. 锐边倒钝；
4. 未注尺寸公差按GB/T 1800.3—1998 IT12级。

卸料螺钉				QGMJ-06-08	
米奇心形挂坠冲孔落料连续模				图样标记	共17张
制 图		材 料	45#		第9张
校 对		比 例	1∶1	校 名	
审 核		数 量	4件		

图6.3 卸料螺钉零件图

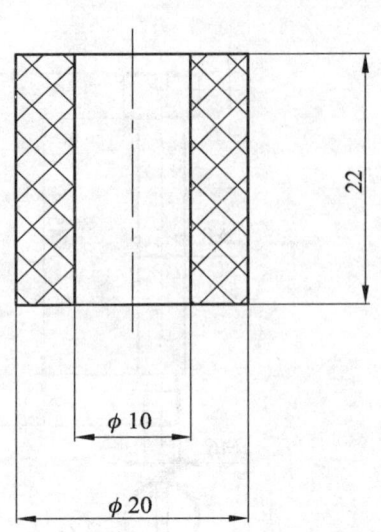

技术要求
选用外购标准件。

卸料橡胶			QGMJ-06-09	
米奇心形挂坠冲孔落料连续模			图样标记	共17张
制图		材料	聚氨酯	第10张
校对		比例	1∶1	校 名
审核		数量	4件	

图 6.4　卸料橡胶零件图

三、任务实施

1. 审阅图纸，构建卸料板零件实体模型

理解卸料板的零件结构、设计基准及加工基准要求、尺寸及公差要求、形位公差要求、材料及热处理等技术要求，为制订卸料板加工工艺卡、卸料板加工、模具总体仿真装配做好准备。

作业练习1：填空。

（1）卸料装置分为＿＿＿＿＿＿＿＿＿＿装置和＿＿＿＿＿＿＿＿＿＿装置两种。

（2）刚性卸料装置＿＿＿＿＿＿＿＿＿＿，工作可靠。常用于板料＿＿＿＿＿＿＿＿＿＿的场合。刚性卸料装置可分为＿＿＿＿＿＿＿＿＿＿式和＿＿＿＿＿＿＿＿＿＿式两种。

（3）弹性卸料装置是通过_____或_____的作用来进行卸料的。此种装置在冲压时既可_____又可_____，特别适合薄料或制件要求平整的模具上使用。

（4）卸料装置由_____、_____、_____组成。卸料板、卸料螺钉常用45号钢制作，根据模具实际要求进行_____。卸料螺钉、弹簧或橡胶一般选用_____。

（5）卸料螺钉控制_____要一致。

（6）为保护凸模和保证卸料，凸模一般缩在弹压卸料板内_____。

（7）卸料板的型孔与各凸模之间的双面间隙为_____。

（8）弹簧或橡皮要保证有足够的卸料力，工作时_____发生干涉。

作业练习2：审阅图纸，按图纸要求填写资料。

（1）卸料板的外形尺寸_____。
（2）卸料板的材料是_____。
（3）卸料板是冲裁模具的主要工艺零件，制造工艺上的特殊要求是_____。
（4）卸料板的结构特点有_____型孔、_____型孔、_____型孔、_____螺纹孔、_____避让孔、_____避让凹槽。
（5）米奇形孔的中心位置_____。
（6）心形孔的中心位置_____。
（7）圆形孔的中心位置_____。
（8）定位钉避让孔的中心位置_____。

作业练习3：构建卸料板、卸料螺钉及卸料橡胶零件实体模型，如图6.5～6.8所示。

2. 制订卸料板零件加工工艺

（1）根据车间现有的技术条件（设备、刀具等），制订卸料板零件加工工艺（见表6.2）。

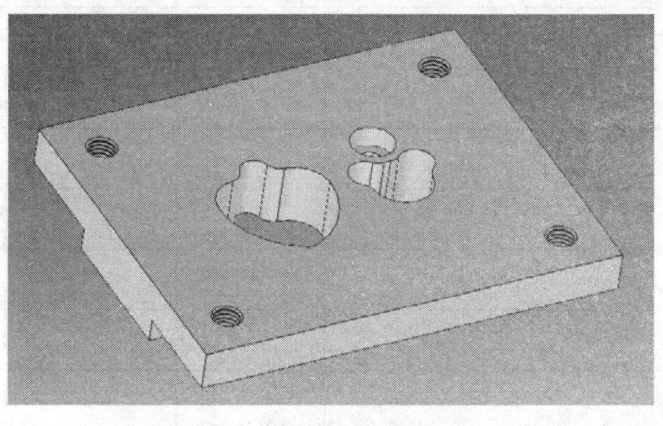

图6.5 卸料板实体模型一

图 6.6 卸料板实体模型二

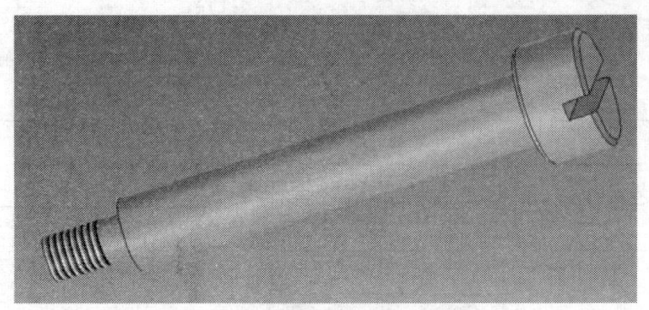

图 6.7 卸料螺钉实体模型　　　　　图 6.8 卸料橡胶实体模型

表 6.2　模具零件加工工艺卡

零件名称			零件材料		共　页	
零件编号			毛坯尺寸		第　页	
序号	工序名称	工序内容	设　备	刀　具	计划工时/min	备注
1						
2						
3						
4						
5						
6						
7						
8						
9						

制订（日期）：　　　　　审核（日期）：　　　　　教师批准（日期）：

（2）根据车间现有的技术条件（设备等）及卸料板零件加工工艺，编制数控加工程序单（见表6.3）。

表6.3 数控加工程序单

零件名称			零件材料			共 页	
零件编号			零件尺寸			第 页	
序号	工序名称	工序内容		设备	刀具	程序号	备注
1							
2							
3							
4							
5							
6							

3．加工实施

模具制造负责人完成、检查上述各工艺表格，组织、分配小组成员实施零件加工。

（1）备料：外购材料。

（2）材料加工前处理：材料加工前要检查备料尺寸，钳工修锉，去除毛刺，做粗加工前准备。

（3）编制数控加工程序：根据零件加工工艺编制数控线切割加工程序。

（4）粗加工：采用铣床对零件进行粗加工，零件外表面单边留0.2~0.25 mm精磨余量。

（5）精加工：按图纸要求磨削加工零件各外表面（精基准面）。

（6）钳工：进行必要的找正、划线操作，按图纸要求加工各螺纹孔、通孔及各数控线切割形位预制穿丝工艺孔，检查、修锉，做线切割前准备。

（7）数控线切割：加工各形位孔。

（8）检测前处理：钳工清理、修锉凸模固定板零件，去毛刺，做零件检测前准备。

4．零件质量检测

模具制造负责人组织小组成员对零件进行质量检测，填写零件加工质量检验报告单（见表6.4）。

表6.4 模具零件加工质量检验报告单

编号：

零件名称	卸料板 卸料螺钉 卸料橡胶		零件编号	QGMJ-06-07 QGMJ-06-08 QGMJ-06-09
序号	检测项目	量具	自检数值	互检数值	专检数值

序号	检测项目	量具	自检数值	互检数值	专检数值
1	100, 80, 15, 5.5		□合格 □不合格	□合格 □不合格	□合格 □不合格
2	80, 60, 4×M6 通		□合格 □不合格	□合格 □不合格	□合格 □不合格
3	心形型孔尺寸及位置尺寸		□合格 □不合格	□合格 □不合格	□合格 □不合格
4	米奇型孔尺寸及位置尺寸		□合格 □不合格	□合格 □不合格	□合格 □不合格
5	圆形型孔尺寸及位置尺寸		□合格 □不合格	□合格 □不合格	□合格 □不合格
6	$\phi 10$ 深 5		□合格 □不合格	□合格 □不合格	□合格 □不合格
7	31.5, 3 $\phi 11$ 深 6		□合格 □不合格	□合格 □不合格	□合格 □不合格
8	62, 45, 9 （卸料螺钉）		□合格 □不合格	□合格 □不合格	□合格 □不合格
9	$\phi 13, \phi 8, M6$ （卸料螺钉）		□合格 □不合格	□合格 □不合格	□合格 □不合格
10	3, 2 （卸料螺钉）		□合格 □不合格	□合格 □不合格	□合格 □不合格
11	$\phi 20, \phi 10, 22$ 卸料橡胶		□合格 □不合格	□合格 □不合格	□合格 □不合格

续表

检测人签名（日期）				
质量分析与解决方法	制造者填写	□合格　□让步接收　□返工　□返修　□报废 　　　　　　　　　　　　加工者：　　　　　　日期：		
	制造负责人填写	□合格　□让步接收　□返工　□返修　□报废 　　　　　　　　　　　　小组长：　　　　　　日期：		
分析与点评	教师填写	□合格　□让步接收　□返工　□返修　□报废 　　　　　　　　　　　　教　师：　　　　　　日期：		

四、学习评价

完成卸料装置零件加工、检测后，对本学习过程进行综合小结评价，并填写学习评价表（见表 6.5）。

表 6.5 学习评价表

班级		姓名		学号		日期	
任务名称							
自我评价	1	遵守安全规则，着装、劳动防护规范				□是	□否
	2	安全、文明生产				□是	□否
	3	利用课外教材、网络资源等途径查找有效信息				□是	□否
	4	完成模具零件的实体结构设计				□是	□否
	5	参与小组的讨论				□是	□否
	6	参与制订模具零件的加工工艺卡				□是	□否
	7	参与完成分配的模具零件加工任务				□是	□否
	8	进行模具零件质量检测				□是	□否
	9	完成工作页的填写				□是	□否
	10	学习效果自评等级：□优 □良 □中 □合格 □不合格					
	11	总结与反思：					
小组评价	12	遵守课堂纪律		□优 □良 □中 □其他			
	13	安全意识与安全操作					
	14	能积极配合小组成员完成工作任务					
	15	在小组讨论中能积极发言					
	16	能够清晰表达自己的观点					
	17	在工作中的表现					
	18	对自己的客观评价					
	19	学习效果小组评等级：□优 □良 □中 □合格 □不合格					
	20	小组综合评价：					
教师评价	21	学习效果教师评等级：□优 □良 □中 □合格 □不合格					
	22	教师综合评价： 教师签名：　　　　　　　　年　　月　　日					

五、学习拓展

1. 查找教材或网络资源，了解刚性卸料装置的种类及特点。

2. 为什么卸料板的型孔与各凸模之间的双面间隙为 0.1～0.2 mm？

学习任务7　凸模垫板实体设计与制造

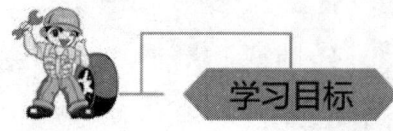

（1）能根据冲孔落料连续模工作特点认识凸模垫板的结构；
（2）能说出凸模垫板各组成部分及其作用；
（3）能根据模具制造要求及设备情况，讨论并制订工作计划；
（4）能按凸模垫板图纸构建凸模垫板实体模型；
（5）能制订凸模垫板零件的加工工艺；
（6）能按照安全文明生产操作规程的要求规范实施加工；
（7）能查阅模具材料手册，认识凸模垫板的常用材料及性能；
（8）能利用课外教材、网络资源等途径查找有效信息。

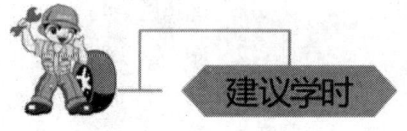

8学时。

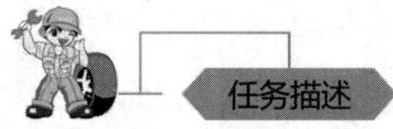

凸模垫板（见图7.1）是冲裁模具的主要结构零件，现要求按下达的凸模垫板设计图纸，制订工作计划，拟订模具零件加工工艺，完成凸模垫板零件加工。

图7.1　凸模垫板

学习任务 7　凸模垫板实体设计与制造

一、知识准备

（1）垫板有什么作用？

垫板用于承受凸模（或镶拼组合结构凹模）的尾部冲击力。当凸（凹）模传给模座的单位压力超过模座材料的许用应力时，就须在凸（凹）模与模座之间增加一块淬硬的垫板，防止模座受凸模或凹模尾部挤压而损坏模座。

（2）垫板的常用材料？

垫板的常用材料为 45 号钢或 T8A，根据模具实际要求进行热处理（调质处理）。热处理后硬度 45 号钢为 HRC 43～48，T8A 为 HRC 54～58。

（3）垫板设计与制造有哪些技术要求？

① 垫板相对于固定板稍有移动不会影响正常工作，为确保总装时刀具能顺利通过垫板，故垫板上需预制螺钉、销钉通孔（螺钉、销钉穿过垫板故称通孔），孔径一般比穿过的螺钉、销钉的直径大 1 mm 左右，孔距与固定板上的相同。

② 垫板厚度根据模具的安装闭合高度设计确定，并在总装过程中修配调整。

二、制订工作计划

审阅分析米奇心形挂坠冲孔落料连续模装配图及凸模垫板零件图（见图 7.2），制订模具零件加工任务单（见表 7.1），明确模具结构与工作原理，明确工作任务要求，明确模具零件的材料性能，制订模具零件加工工作计划，为模具零件加工做准备。

三、任务实施

1. 审阅图纸，构建凸模垫板零件实体模型

理解凸模垫板的零件结构、设计基准及加工基准要求、尺寸及公差要求、形位公差要求、材料及热处理等技术要求，为制订凸模垫板加工工艺卡、凸模垫板加工、模具总体仿真装配做好准备。

作业练习 1：填空。

（1）垫板用于承受_____（或_____）的尾部冲击力。

（2）当凸（凹）模传给_____的单位压力超过模座材料的_____时，就须在凸（凹）模与模座之间增加一块_____，防止模座受凸模或凹模_____模座。

（3）垫板的常用材料为_____，根据模具实际要求进行_____。热处理后 45 号钢硬度为_____，T8A 为_____。

（4）垫板相对于固定板稍有移动_____正常工作，为确保总装时刀具能顺利通过_____，故垫板上预制_____通孔时，孔径一般比穿过的螺钉、销钉的直径_____左右，孔距与_____上的相同。

（5）垫板厚度根据模具的安装_____设计确定，并在总装过程中_____调整。

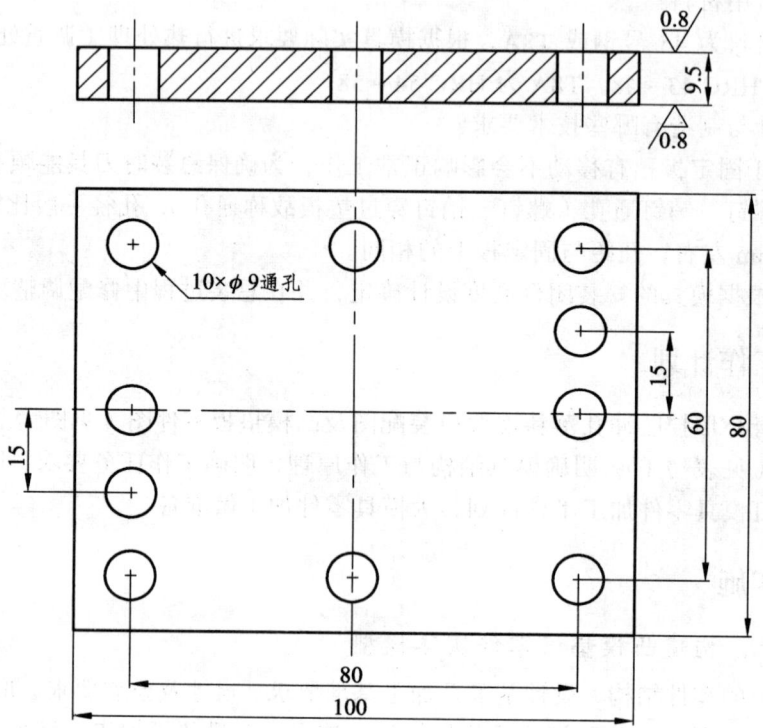

图 7.2　凸模垫板零件图

表 7.1　模具零件加工任务单

模具零件加工任务单			
模具名称		工艺制订	
零件名称		数控编程	
零件编号		加工操作	
制造数量		质量检测	
预计开始		预计完成	

任务制订（日期）：　　　　　　　　　审核（日期）：

作业练习 2：审阅图纸，按图纸要求填写资料。

（1）凸模垫板的外形尺寸_____。
（2）凸模垫板的材料是_____，热处理后硬度为_____。
（3）凸模垫板的结构特点有_____螺钉、销钉的通孔。

作业练习 3：构建凸模垫板零件实体模型，如图 7.3 所示。

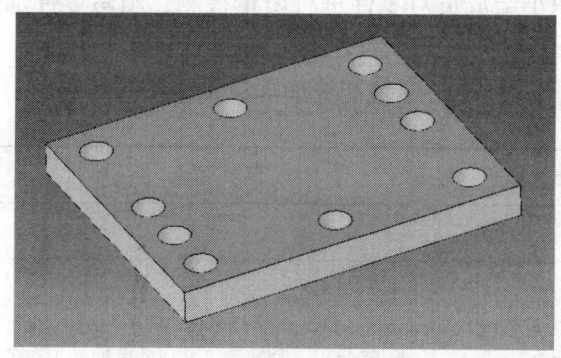

图 7.3　凸模垫板实体模型

2. 制订凸模垫板零件加工工艺

根据车间现有的技术条件（设备、刀具等），制订凸模垫板零件加工工艺（见表 7.2）。

3. 加工实施

模具制造负责人完成、检查上述各工艺表格，组织、分配小组成员实施零件加工。

（1）备料：外购材料。
（2）材料加工前处理：材料加工前要检查备料尺寸，钳工修锉，去除毛刺，做粗加工前准备。
（3）粗加工：采用铣床对零件进行粗加工，零件外表面单边留 0.2～0.25 mm 精磨余量。
（4）钳工：进行必要的找正、划线操作，按图纸要求加工各螺钉、销钉的通孔。

（5）热处理：HRC43~48。
（6）精加工：按图纸要求磨削加工零件各外表面（精基准面）。
（7）检测前处理：钳工清理、修锉，去毛刺，做零件检测前准备。

表 7.2　模具零件加工工艺卡

零件名称			零件材料			共　页
零件编号			毛坯尺寸			第　页
序号	工序名称	工序内容	设备	刀具	计划工时/min	备注
1						
2						
3						
4						
5						

制订（日期）：　　　　　审核（日期）：　　　　　教师批准（日期）：

4．零件质量检测

模具制造负责人组织小组成员对零件进行质量检测，填写零件加工质量检验报告单（见表7.3）。

表 7.3　模具零件加工质量检验报告单

编号：

零件名称	凸模垫板		零件编号	QGMJ-06-14	
序号	检测项目	量具	自检数值	互检数值	专检数值
1	100,80		□合格 □不合格	□合格 □不合格	□合格 □不合格
2	9.5		□合格 □不合格	□合格 □不合格	□合格 □不合格
3	80,60		□合格 □不合格	□合格 □不合格	□合格 □不合格
4	80,15		□合格 □不合格	□合格 □不合格	□合格 □不合格
5	10×ϕ9通		□合格 □不合格	□合格 □不合格	□合格 □不合格

续表

质量分析与解决方法	制造者填写	检测人签名（日期）		
		□合格　□让步接收　□返工　□返修　□报废		
			加工者：	日期：
	制造负责人填写	□合格　□让步接收　□返工　□返修　□报废		
			小组长：	日期：
分析与点评	教师填写	□合格　□让步接收　□返工　□返修　□报废		
			教　师：	日期：

四、学习评价

完成凸模垫板零件加工、检测后，对本学习过程进行综合小结评价，并填写学习评价表（见表 7.4）。

表 7.4 学习评价表

班级			姓名		学号		日期	
任务名称								
自我评价	1	遵守安全规则，着装、劳动防护规范					□是	□否
	2	安全、文明生产					□是	□否
	3	利用课外教材、网络资源等途径查找有效信息					□是	□否
	4	完成模具零件的实体结构设计					□是	□否
	5	参与小组的讨论					□是	□否
	6	参与制订模具零件的加工工艺卡					□是	□否
	7	参与完成分配的模具零件加工任务					□是	□否
	8	进行模具零件质量检测					□是	□否
	9	完成工作页的填写					□是	□否
	10	学习效果自评等级：□优　□良　□中　□合格　□不合格						
	11	总结与反思：						
小组评价	12	遵守课堂纪律			□优　□良　□中　□其他			
	13	安全意识与安全操作						
	14	能积极配合小组成员完成工作任务						
	15	在小组讨论中能积极发言						
	16	能够清晰表达自己的观点						
	17	在工作中的表现						
	18	对自己的客观评价						
	19	学习效果小组评等级：□优　□良　□中　□合格　□不合格						
	20	小组综合评价：						
教师评价	21	学习效果教师评等级：□优　□良　□中　□合格　□不合格						
	22	教师综合评价： 教师签名：　　　　　　　　　年　月　日						

五、学习拓展

1. 查找教材或网络资源，了解垫板对模具闭合高度的影响。

2. 在经济允许的情况下，还可以用什么材料做凸模垫板？

3. 什么情况下，不需要设计安装凸模垫板？

学习任务8 导料定位装置实体设计与制造

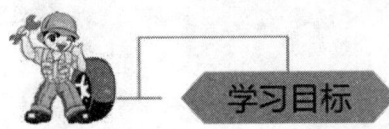

(1) 能根据冲孔落料连续模工作特点认识导料定位装置的结构；
(2) 能说出导料定位装置各组成部分及其作用；
(3) 能根据模具制造要求及设备情况，讨论并制订工作计划；
(4) 能按导料定位装置图纸构建导料定位装置实体模型；
(5) 能制订导料定位装置零件的加工工艺；
(6) 能编制导料定位装置零件的数控加工程序；
(7) 能按照安全文明生产操作规程的要求规范实施加工；
(8) 能查阅模具材料手册，认识导料定位装置的常用材料及性能；
(9) 能利用课外教材、网络资源等途径查找有效信息。

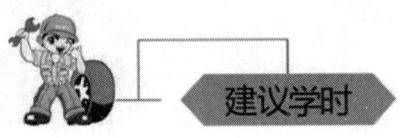

20 学时。

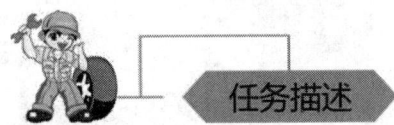

导料定位装置（见图 8.1）是冲裁模具的主要工艺零件，主要由挡料销、定位板（销）、始用挡料块、导料板与托料板等零件组成。现要求按下达的导料定位装置设计图纸，制订工作计划，拟订模具零件加工工艺，完成导料定位装置各零件加工。

图 8.1 导料定位装置

一、知识准备

在级进冲裁模中，为保证板料（或坯料）在模具中的精确定位，模具中常使用挡料销、定位板（销）、定距侧刃、导正销、始用挡料块、导料板、托料板及其他辅助装置。

1. 挡料销

挡料销（见图 8.2）应具有一定的耐磨性，常根据制件的数量酌情选用 45 号钢或 T8A，热处理后其硬度：45 号钢为 HRC43～48，T8A 为 HRC52～56。

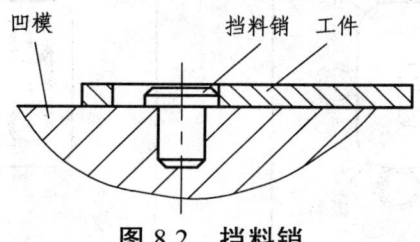

图 8.2 挡料销

挡料销一般分成固定式和活动式两种。

固定挡料销如图 8.3 所示（三种）。图 8.3（a）为圆柱头挡料销，使用最广。图 8.3（b）为钩形挡料销，优点是可使挡料销孔与凹模孔之间壁间距增大，从而增加凹模刃口强度。图 8.3（c）为圆头挡料销，尺寸较小，用于小孔制件。

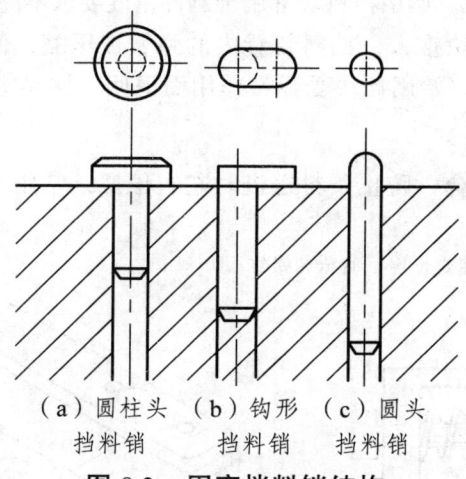

（a）圆柱头 （b）钩形 （c）圆头
挡料销 挡料销 挡料销

图 8.3 固定挡料销结构

活动挡料销从功能上来分，分为回带式[图 8.4（a）]、隐藏式[图 8.4（b）]及临时挡料销（图 8.5）三种。回带式送料时，要将条料前送、后退，才能使搭边抵住挡料销而定位，操作不便。隐藏式常用于倒装式复合模，挡料销安装在卸料板或凹模上。临时挡料销装在导料板内，用于级进模中作条料的首次定位。

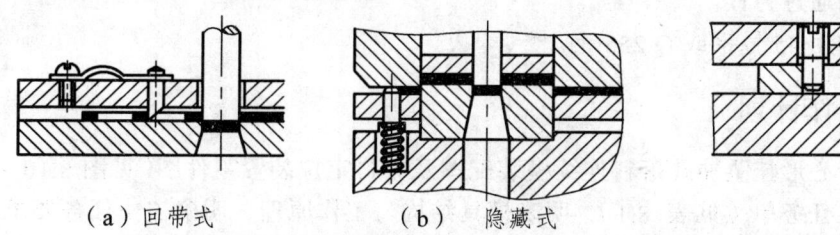

（a）回带式　　　　　（b）隐藏式

图 8.4 活动挡料销结构　　　　　图 8.5 临时挡料销

2. 定位板（销）

定位板或定位销，用于块料（或坯件）定位，定位形式分外形定位与内孔定位两种。外形定位如图8.6所示，内孔定位如图8.7所示。

定位块与定位销使用材料为45号钢、T7和T8等，热处理后其硬度与挡料销相同。

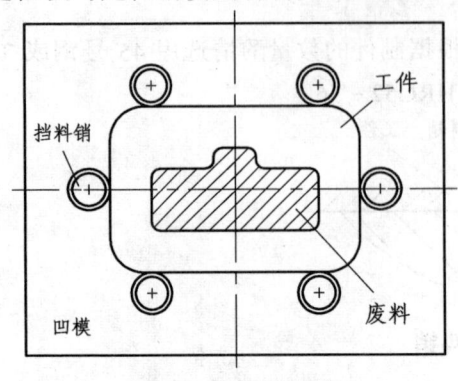
图8.6 外形定位

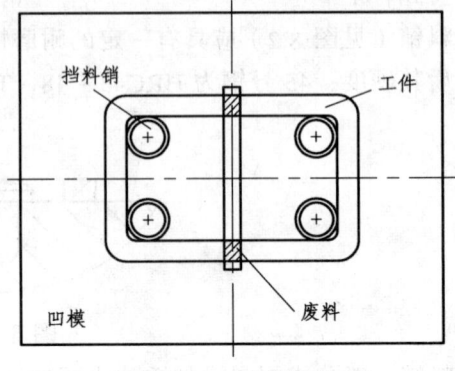
图8.7 内孔定位

3. 始用挡料块

在多工位连续冲裁模中，是按一定程序将条料步进送进，最初控制送料的1~2个工位上可采用始用挡料装置（见图8.8）。始用挡料块常用于制件精度要求不高的场合，材料常用45号钢。

使用时，用手将始用挡块推入，挡料装置内的弹簧被压缩，使其伸出导料板以外起挡料作用。送料结束后将手松开，始用挡块受弹簧作用而退回，材料定位后完成冲孔工序。

4. 导料板与托料板

导料板与托料板相互配合，防止条料送进时左右偏摆，常用在级进模上，并与卸料板结合使用，如图8.9所示。

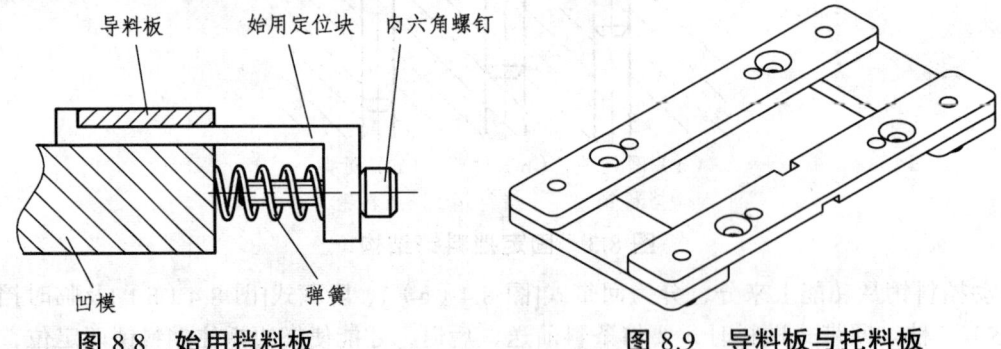
图8.8 始用挡料板　　　　图8.9 导料板与托料板

导料板厚度一般取 $H=4\sim10$ mm，安装时的宽度尺寸根据料宽尺寸确定，以保证材料最大极限尺寸能顺利通过为宜。

导料板材料常用45号钢或Q255钢。

二、制订工作计划

审阅分析米奇心形挂坠冲孔落料连续模装配图及导料定位装置零件图（见图8.10~8.13），制订模具零件加工任务单（见表8.1），明确模具结构与工作原理，明确工作任务要求，明确模具零件的材料性能，制订模具零件加工工作计划，为模具零件加工做准备。

全部 $\sqrt{3.2}$

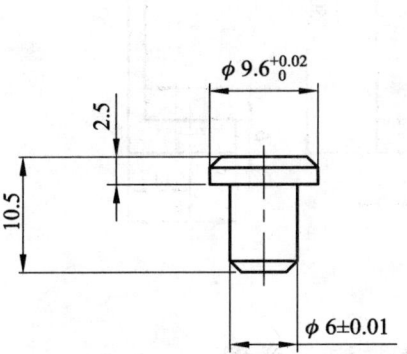

技术要求
1. 热处理HRC43~48;
2. 未注倒角为0.5×45°;
3. 未注尺寸公差按GB/T 1800.3—1998 IT12级。

挡料销			QGMJ-06-06	
米奇心形挂坠冲孔落料连续模			图样标记	共17张
制图		材料	45#	第7张
校对		比例	1:1	校 名
审核		数量	1件	

图8.10 挡料销零件图

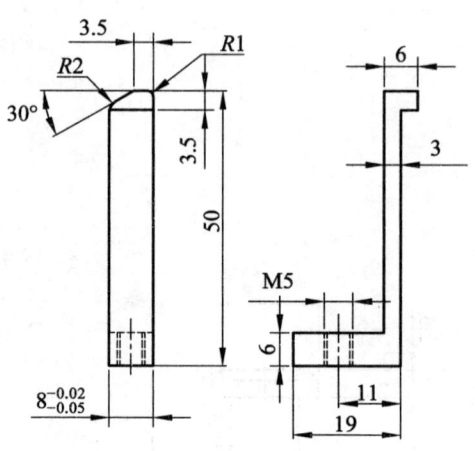

始用定位块装配示意图

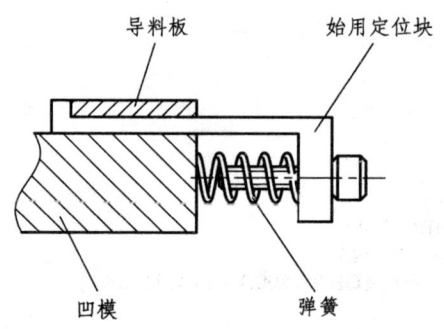

技术要求
1. 锐角倒钝；
2. 未注尺寸公差按 GB/T 1800.3—1998 IT12 级。

始用定位块				QGMJ-06-01	
米奇心形挂坠冲孔落料连续模				图样标记	共17张
制图		材料	45#		第2张
校对		比例	1:1	校 名	
审核		数量	1件		

图 8.11 始用定位块零件图

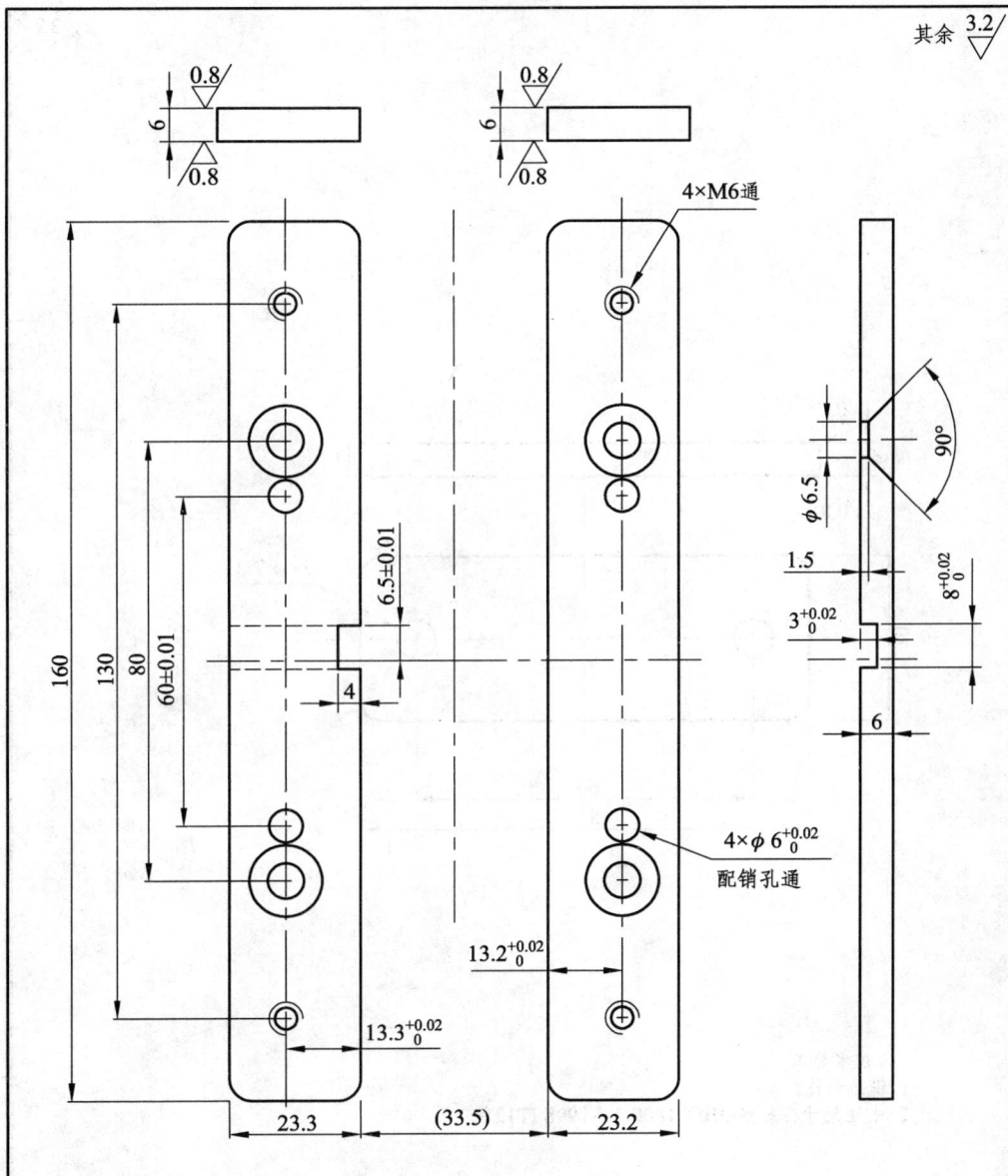

技术要求
1. 锐边倒钝；
2. 未注尺寸公差按GB/T 1800.3—1998 IT12级。

图 8.12 导料板零件图

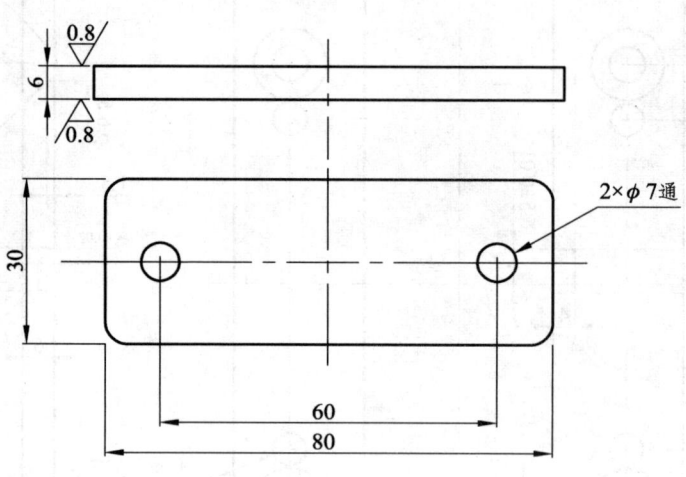

技术要求
1. 锐边倒钝；
2. 未注尺寸公差按 GB/T 1800.3—1998 IT12 级。

图 8.13 托料板零件图

学习任务 8　导料定位装置实体设计与制造

表 8.1　模具零件加工任务单

模具零件加工任务单			
模具名称		工艺制订	
零件名称		数控编程	
零件编号		加工操作	
制造数量		质量检测	
预计开始		预计完成	

任务制订（日期）：　　　　　　　　　　　审核（日期）：

三、任务实施

1. 审阅图纸，构建导料定位装置各零件实体模型

理解导料定位装置各零件的结构、设计基准及加工基准要求、尺寸及公差要求、形位公差要求、材料及热处理等技术要求，为制订导料定位装置各零件加工工艺卡、导料定位装置各零件加工、模具总体仿真装配做好准备。

 作业练习 1：填空。

（1）在级进冲裁模中，为保证_____在模具中的精确定位，模具中常使用_____、_____、_____、_____、始用_____、_____、_____及其他辅助装置。

（2）挡料销应具有一定的耐磨性，常根据制件的数量酌情选用_____，热处理后其硬度：45 号钢为_____，T8A 为_____。

（3）定位板或定位销，用于_____定位，定位形式分_____与_____两种。

（4）在多工位连续冲裁模中，是按一定程序将条料_____，最初控制送料的_____可采用始用挡料装置。使用时，用手将始用挡块_____，挡料装置内的_____，使其伸出导料板以外_____。送料结束后_____，始用挡块受弹簧作用而_____，材料定位后完成冲孔工序。

（5）导料板与托料板相互配合，_____。常用在级进模上，并与_____结合使用。

 作业练习 2：审阅图纸，按图纸要求填写资料。

（1）挡料销选用_____钢，热处理后其硬度可达_____。
（2）始用挡料块的结构特点_____。

（3）导料板（1套）的结构特点有_____沉头螺钉孔、_____螺纹孔、_____销孔、_____避让凹槽。

作业练习3：构建导料定位装置各零件实体模型，如图8.14～8.16所示。

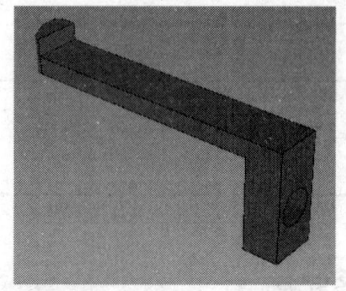

图8.14　挡料销实体模型　　　　图8.15　始用定位块实体模型

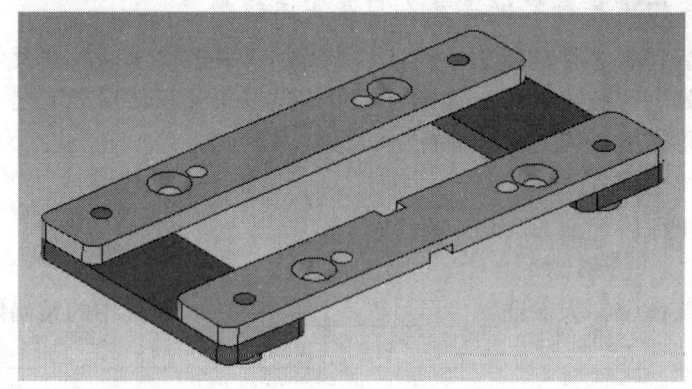

图8.16　导料板与托料板实体模型

2．制订导料定位装置各零件加工工艺

根据车间现有的技术条件（设备、刀具等），制订导料定位装置各零件加工工艺（见表8.2～8.5）。

表8.2　模具零件加工工艺卡

零件名称		挡料销	零件材料			共　页
零件编号			毛坯尺寸			第　页
序号	工序名称	工序内容	设　备	刀　具	计划工时/min	备　注
1						
2						
3						
4						
5						

制订（日期）：　　　　　审核（日期）：　　　　　教师批准（日期）：

表8.3 模具零件加工工艺卡

零件名称		始用挡料块		零件材料			共 页
零件编号				毛坯尺寸			第 页
序号	工序名称	工序内容		设备	刀具	计划工时/min	备注
1							
2							
3							
4							
5							

制订（日期）：　　　　　审核（日期）：　　　　　教师批准（日期）：

表8.4 模具零件加工工艺卡

零件名称		导料板		零件材料			共 页
零件编号				毛坯尺寸			第 页
序号	工序名称	工序内容		设备	刀具	计划工时/min	备注
1							
2							
3							
4							
5							

制订（日期）：　　　　　审核（日期）：　　　　　教师批准（日期）：

表 8.5 模具零件加工工艺卡

零件名称		托料板		零件材料			共 页
零件编号				毛坯尺寸			第 页
序号	工序名称	工序内容		设备	刀具	计划工时/min	备注
1							
2							
3							
4							
5							

制订（日期）： 　　　　审核（日期）： 　　　　教师批准（日期）：

3. 加工实施

模具制造负责人完成、检查上述各工艺表格，组织、分配小组成员实施零件加工。

（1）备料：外购材料。

（2）材料加工前处理：材料加工前要检查备料尺寸，钳工修锉，去除毛刺，做粗加工前准备。

（3）机加工：采用车、铣床对零件进行机加工，零件需精磨加工的表面单边留 0.2~0.25 mm 精磨余量。

（4）精加工：按图纸要求磨削加工零件各外表面（精基准面）。

（5）钳工：进行必要的找正、划线操作，按图纸要求加工各螺纹孔、通孔、销钉孔，检查、修锉，去毛刺，做零件检测前准备。

4. 零件质量检测

模具制造负责人组织小组成员对零件进行质量检测，填写零件加工质量检验报告单（见表 8.6~8.9）。

表 8.6　模具零件加工质量检验报告单

编号：

零件名称	挡料销		零件编号		QGMJ-06-06	
序号	检测项目	量具	自检数值		互检数值	专检数值
1	$\phi 9.6^{+0.02}_{0}$		□合格 □不合格		□合格 □不合格	□合格 □不合格
2	$\phi 6 \pm 0.01$		□合格 □不合格		□合格 □不合格	□合格 □不合格
3	10.5		□合格 □不合格		□合格 □不合格	□合格 □不合格
4	2.5		□合格 □不合格		□合格 □不合格	□合格 □不合格
5	0.5×45°		□合格 □不合格		□合格 □不合格	□合格 □不合格
检测人签名（日期）						

质量分析与解决方法	制造者填写	□合格　□让步接收　□返工　□返修　□报废 加工者：　　　　　　　　　　日期：
	制造负责人填写	□合格　□让步接收　□返工　□返修　□报废 小组长：　　　　　　　　　　日期：
分析与点评	教师填写	□合格　□让步接收　□返工　□返修　□报废 教　师：　　　　　　　　　　日期：

表 8.7 模具零件加工质量检验报告单

编号：

零件名称		始用挡料块		零件编号		QGMJ-06-01	
序号	检测项目		量具	自检数值		互检数值	专检数值
1	50			□合格 □不合格		□合格 □不合格	□合格 □不合格
2	19			□合格 □不合格		□合格 □不合格	□合格 □不合格
3	6			□合格 □不合格		□合格 □不合格	□合格 □不合格
4	11			□合格 □不合格		□合格 □不合格	□合格 □不合格
5	M5			□合格 □不合格		□合格 □不合格	□合格 □不合格
6	$8_{-0.05}^{-0.02}$			□合格 □不合格		□合格 □不合格	□合格 □不合格
7	6			□合格 □不合格		□合格 □不合格	□合格 □不合格
8	3.5			□合格 □不合格		□合格 □不合格	□合格 □不合格
9	3			□合格 □不合格		□合格 □不合格	□合格 □不合格
10	30°			□合格 □不合格		□合格 □不合格	□合格 □不合格
检测人签名（日期）							

续表

质量分析与解决方法	制造者填写	☐合格　　☐让步接收　　☐返工　　☐返修　　☐报废 加工者：　　　　　　　　　　　　　日期：
	制造负责人填写	☐合格　　☐让步接收　　☐返工　　☐返修　　☐报废 小组长：　　　　　　　　　　　　　日期：
分析与点评	教师填写	☐合格　　☐让步接收　　☐返工　　☐返修　　☐报废 教　师：　　　　　　　　　　　　　日期：

表 8.8 模具零件加工质量检验报告单

编号：

零件名称		导料板		零件编号		QGMJ-06-03	
序号	检测项目	量具	自检数值		互检数值		专检数值
1	160×23.3		□合格 □不合格		□合格 □不合格		□合格 □不合格
2	160×23.2		□合格 □不合格		□合格 □不合格		□合格 □不合格
3	6		□合格 □不合格		□合格 □不合格		□合格 □不合格
4	130, 4×M6通		□合格 □不合格		□合格 □不合格		□合格 □不合格
5	80, 13.3, 2×ϕ6.5 90°		□合格 □不合格		□合格 □不合格		□合格 □不合格
6	80, 13.2, 2×ϕ6.5 90°		□合格 □不合格		□合格 □不合格		□合格 □不合格
7	6.5±0.01, 4		□合格 □不合格		□合格 □不合格		□合格 □不合格
8	60±0.01, 4×$\phi 6_0^{+0.02}$		□合格 □不合格		□合格 □不合格		□合格 □不合格
9	$8_0^{+0.02}$		□合格 □不合格		□合格 □不合格		□合格 □不合格
10	$3_0^{+0.02}$		□合格 □不合格		□合格 □不合格		□合格 □不合格
检测人签名（日期）							

续表

质量分析与解决方法	制造者填写	□合格　　□让步接收　　□返工　　□返修　　□报废 加工者：　　　　　　　　　　　　　　日期：
	制造负责人填写	□合格　　□让步接收　　□返工　　□返修　　□报废 小组长：　　　　　　　　　　　　　　日期：
分析与点评	教师填写	□合格　　□让步接收　　□返工　　□返修　　□报废 教　师：　　　　　　　　　　　　　　日期：

表 8.9 模具零件加工质量检验报告单

编号：

零件名称		托料板		零件编号		QGMJ-06-04	
序号	检测项目		量具	自检数值		互检数值	专检数值
1	80			□合格 □不合格		□合格 □不合格	□合格 □不合格
2	30			□合格 □不合格		□合格 □不合格	□合格 □不合格
3	6			□合格 □不合格		□合格 □不合格	□合格 □不合格
4	60			□合格 □不合格		□合格 □不合格	□合格 □不合格
5	4×ϕ7通			□合格 □不合格		□合格 □不合格	□合格 □不合格
检测人签名（日期）							

质量分析与解决方法	制造者填写	□合格　□让步接收　□返工　□返修　□报废
		加工者：　　　　　　　　　　　　日期：
	制造负责人填写	□合格　□让步接收　□返工　□返修　□报废
		小组长：　　　　　　　　　　　　日期：
分析与点评	教师填写	□合格　□让步接收　□返工　□返修　□报废
		教　师：　　　　　　　　　　　　日期：

四、学习评价

完成导料定位装置零件加工、检测后,对本学习过程进行综合小结评价,并填写学习评价表(见表8.10)。

表8.10 学习评价表

班级		姓名		学号		日期	
任务名称							
自我评价	1	遵守安全规则,着装、劳动防护规范			□是		□否
	2	安全、文明生产			□是		□否
	3	利用课外教材、网络资源等途径查找有效信息			□是		□否
	4	完成模具零件的实体结构设计			□是		□否
	5	参与小组的讨论			□是		□否
	6	参与制订模具零件的加工工艺卡			□是		□否
	7	参与完成分配的模具零件加工任务			□是		□否
	8	进行模具零件质量检测			□是		□否
	9	完成工作页的填写			□是		□否
	10	学习效果自评等级:□优 □良 □中 □合格 □不合格					
	11	总结与反思:					
小组评价	12	遵守课堂纪律		□优 □良 □中 □其他			
	13	安全意识与安全操作					
	14	能积极配合小组成员完成工作任务					
	15	在小组讨论中能积极发言					
	16	能够清晰表达自己的观点					
	17	在工作中的表现					
	18	对自己的客观评价					
	19	学习效果小组评等级:□优 □良 □中 □合格 □不合格					
	20	小组综合评价:					
教师评价	21	学习效果教师评等级:□优 □良 □中 □合格 □不合格					
	22	教师综合评价: 教师签名: 年 月 日					

五、学习拓展

1. 查找教材或网络资源,了解连续冲裁模定距侧刃的结构。

2. 查找教材或网络资源,了解连续冲裁模导正销的结构。

学习任务9　模架实体设计与制造

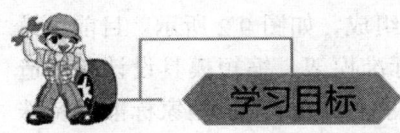

（1）能根据冲孔落料连续模工作特点认识模架的结构；
（2）能说出模架各组成部分及其作用；
（3）能根据模具制造要求及设备情况，讨论并制订工作计划；
（4）能按模架图纸构建模架实体模型；
（5）能制订模架零件的加工工艺；
（6）能编制模架零件的数控加工程序；
（7）能按照安全文明生产操作规程的要求规范实施加工；
（8）能查阅模具材料手册，认识模架的常用材料及性能；
（9）能利用课外教材、网络资源等途径查找有效信息。

12学时。

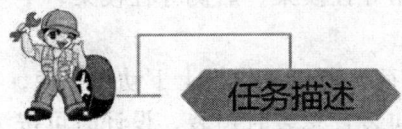

模架（见图9.1）是冲裁模具的主要结构零件，一般由上模座、下模座、导柱、导套、模柄组成。现要求按下达的设计图纸，制订工作计划，拟订上模座、下模座、模柄零件加工工艺，完成模架加工。

图9.1　模架

一、知识准备

（1）模架的作用。

① 连接模具的各个零件，使模具成为一个稳固的整体，并保证安装在模架里的凸、凹模冲压间隙均匀。

② 其他模具组件通过模架与压力机连接。一般情况下，下模座固定在压力机工作台上，上模座通过模柄固定在压力机滑块上，压力机引导上模运动进行工作。

（2）模架如何组成？

模架一般由上模座、下模座、导柱、导套、模柄五种零件组成，如图9.2所示。目前，模架已标准化、系列化、商品化，除特殊模架外，应尽量选用标准模架，缩短模具设计和制造周期。有关模架的标准可查阅《冲模滑动导向模架》（GB/T 2851—2008）等国家标准，特殊情况可参照标准定做或自制。

目前，从市场上采购的标准模架不包括模柄，上模座、下模座上没有加工螺钉、销钉的安装孔，需要根据不同的模具结构独立设计。

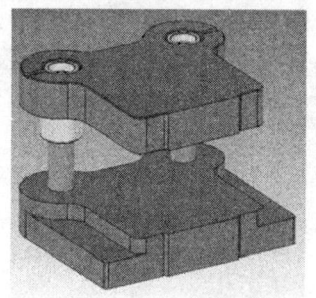  

（a）采购的模架　　　　（b）已加工的模架　　　　（c）已装配的模架

图9.2　模架

（3）模架有哪些类型？

按照导柱不同排列的位置，模架大致可以分为四种：对角导柱模架、后侧导柱模架、中间导柱模架、四角导柱模架。

对角导柱模架如图9.3所示，由于可以承受一定的偏心负荷，所以工作模上下动作平稳，常用于横向送料的级进模或纵向送料的各种模具。为防止导向装置总装时错装，设计时可按非等径导向结构处理。

后侧导柱模架如图9.4所示。它可以三面送料，操作方便，使用较广，但受较大偏心冲压载荷时模架易变形。

中间导柱模架如图9.5所示。其结构简单，加工方便，但送料适应性差，常用在块料冲压模具上。当受偏心冲压载荷时，模具容易歪斜，滑动不平稳，使用寿命较短。为防止导向装置总装时错装，设计时可按非等径导向结构处理。

四角导柱模架如图9.6所示，用于大型冲压模具，上下动作平稳，导向准确。

（4）模柄有什么作用？

模柄是模具与冲床滑块连接的部件，它的直径和长度应与冲床滑块上的孔匹配，设计时要查阅配套使用冲床的参数。

图9.7所示为模柄几种基本形式，供模具设计时选择使用。

（5）导柱、导套有什么作用？

导柱、导套是模具重要的导向装置。它不仅使模具操作方便，而且使模具装配时刃口间隙均匀，确保零件的冲裁质量，对延长模具及滑块导向副的寿命和制件的精度有重要作用。

为防止双导向装置总装时错装，设计时可按非等径导向结构处理。

导柱、导套按导向装置的类型大致可分两类：滑动式和滚动式。

滑动式是常用的结构如图9.8（a）所示，其结构简单、制造方便，但精度不高，容易磨损。

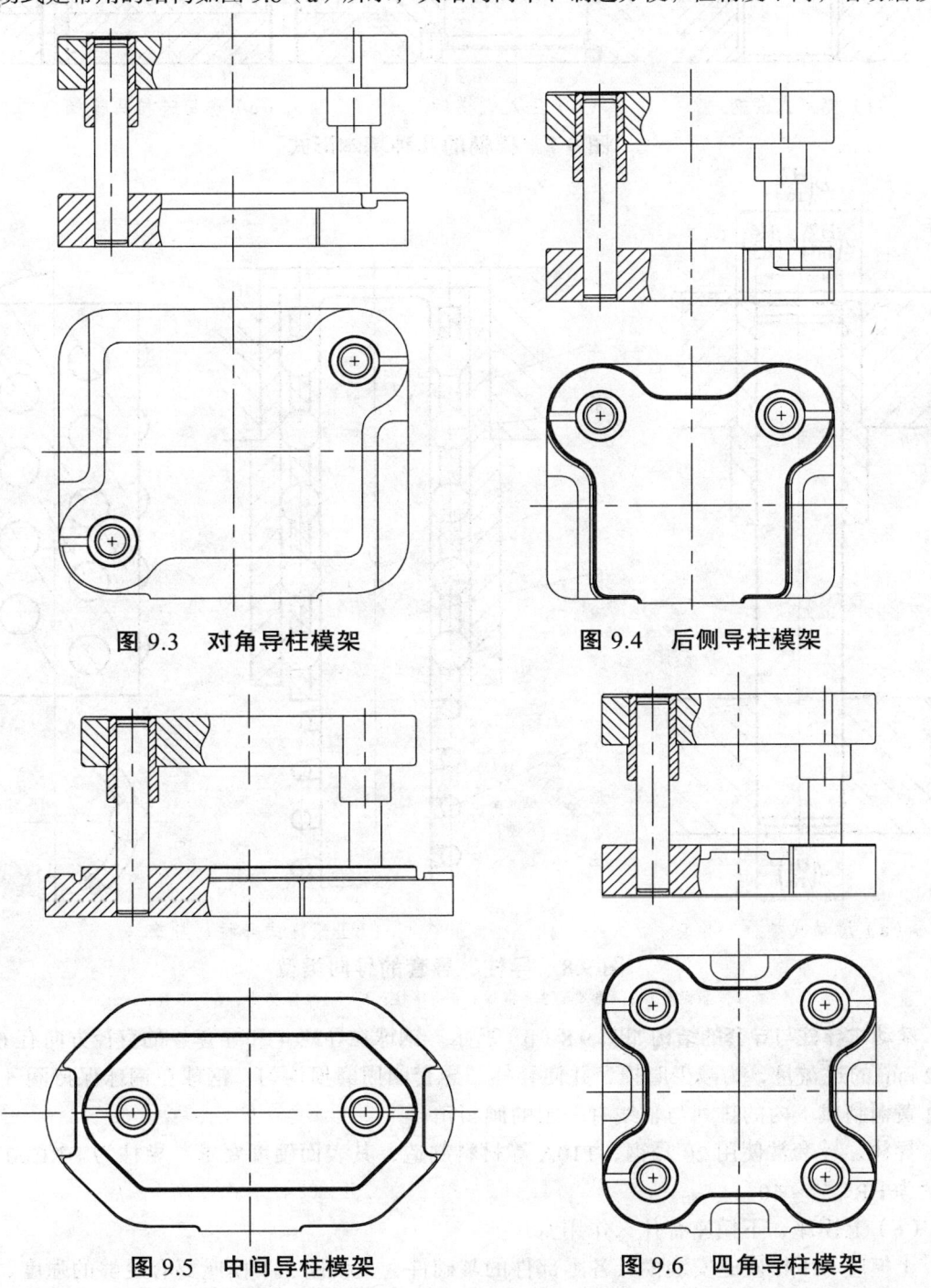

图 9.3　对角导柱模架　　　　　图 9.4　后侧导柱模架

图 9.5　中间导柱模架　　　　　图 9.6　四角导柱模架

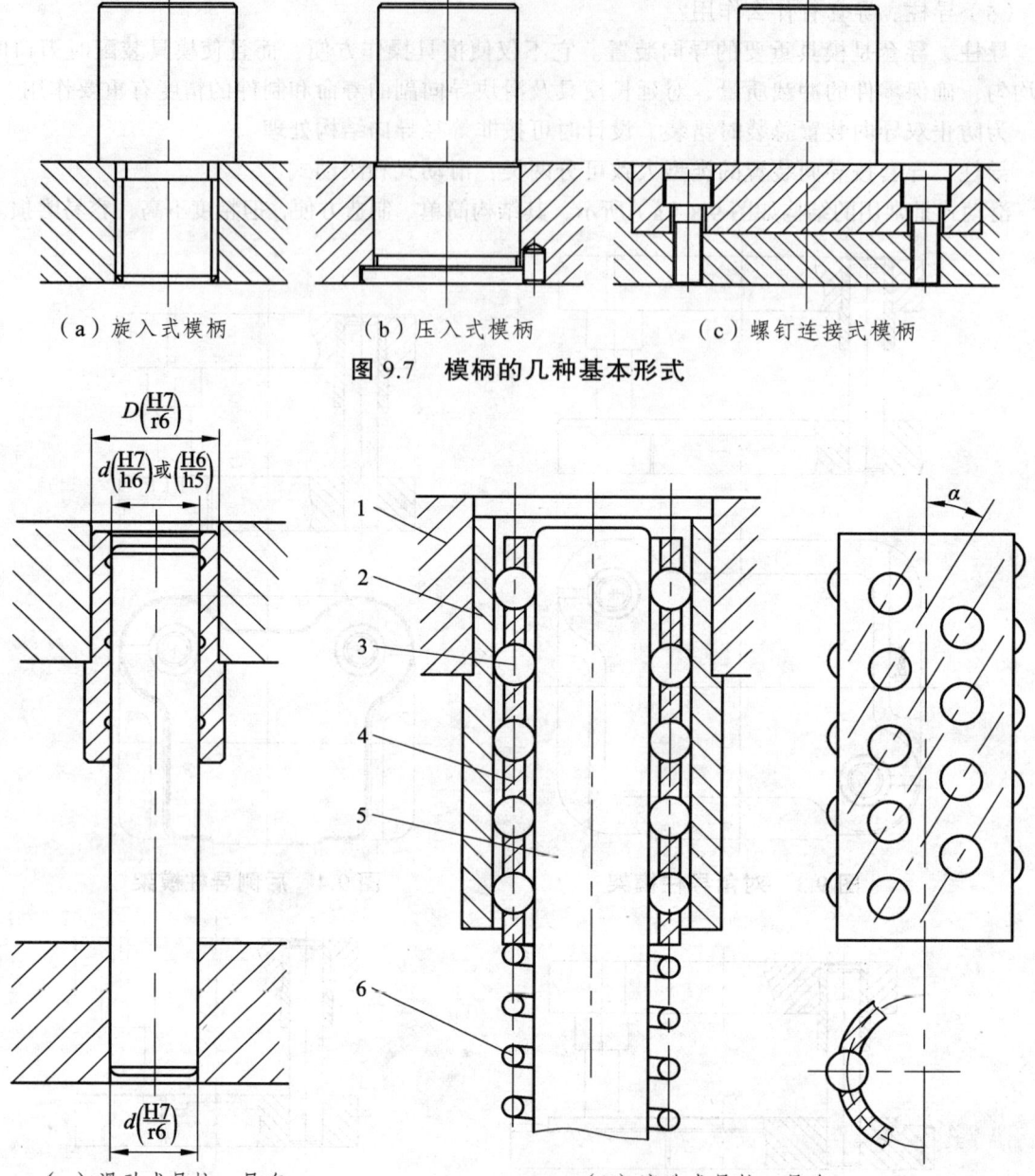

(a)旋入式模柄　　(b)压入式模柄　　(c)螺钉连接式模柄

图 9.7　模柄的几种基本形式

(a)滑动式导柱、导套　　　　(b)滚珠式导柱、导套

图 9.8　导柱、导套的导向类型

1—上模座；2—导套；3—钢球；4—导柱；5—钢球保持圈；6—弹簧

滚动式导柱与导套的结构如图 9.8（b）所示。钢球在导柱 4 和导套 2 的直径方向有 0.005～0.02 mm 的过盈量，为减少磨损，并使导柱、导套四周磨损均匀，钢球在钢球保持圈 5（常用 H62 黄铜制成）内的排列与轴线有一定的倾斜角。

导柱、导套常使用 20 号钢、T10A 等材料制造，其表面硬度要求：导柱为 HRC60～62；导套为 HRC57～60。

（6）上模座、下模座有什么作用？

上模座、下模座是安装模具各零部件的基础件，上模座、下模座要有足够的强度、刚性，还能起抗压、吸振的作用。

常用的材料有：铸铁（HT200，HT250）、铸钢（ZG35，ZG45）等。

二、制订工作计划

审阅分析米奇心形挂坠冲孔落料连续模装配图及模柄、上模座、下模座零件图（见图9.9～9.11），制订模具零件加工任务单（见表9.1），明确模具结构与工作原理，明确工作任务要求，明确模具零件的材料性能，制订模具零件加工工作计划，为模具零件加工做准备。

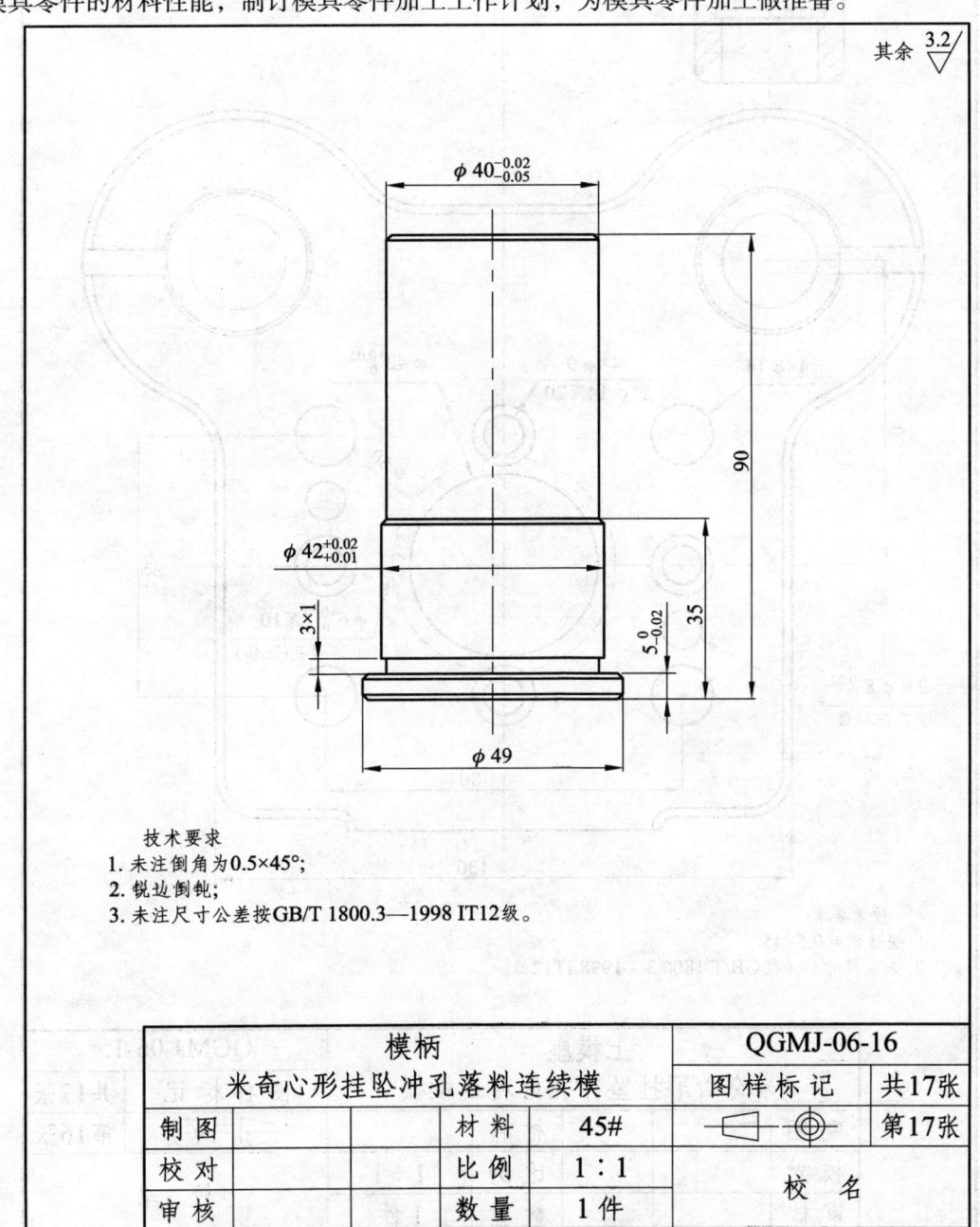

图 9.9　模柄零件图

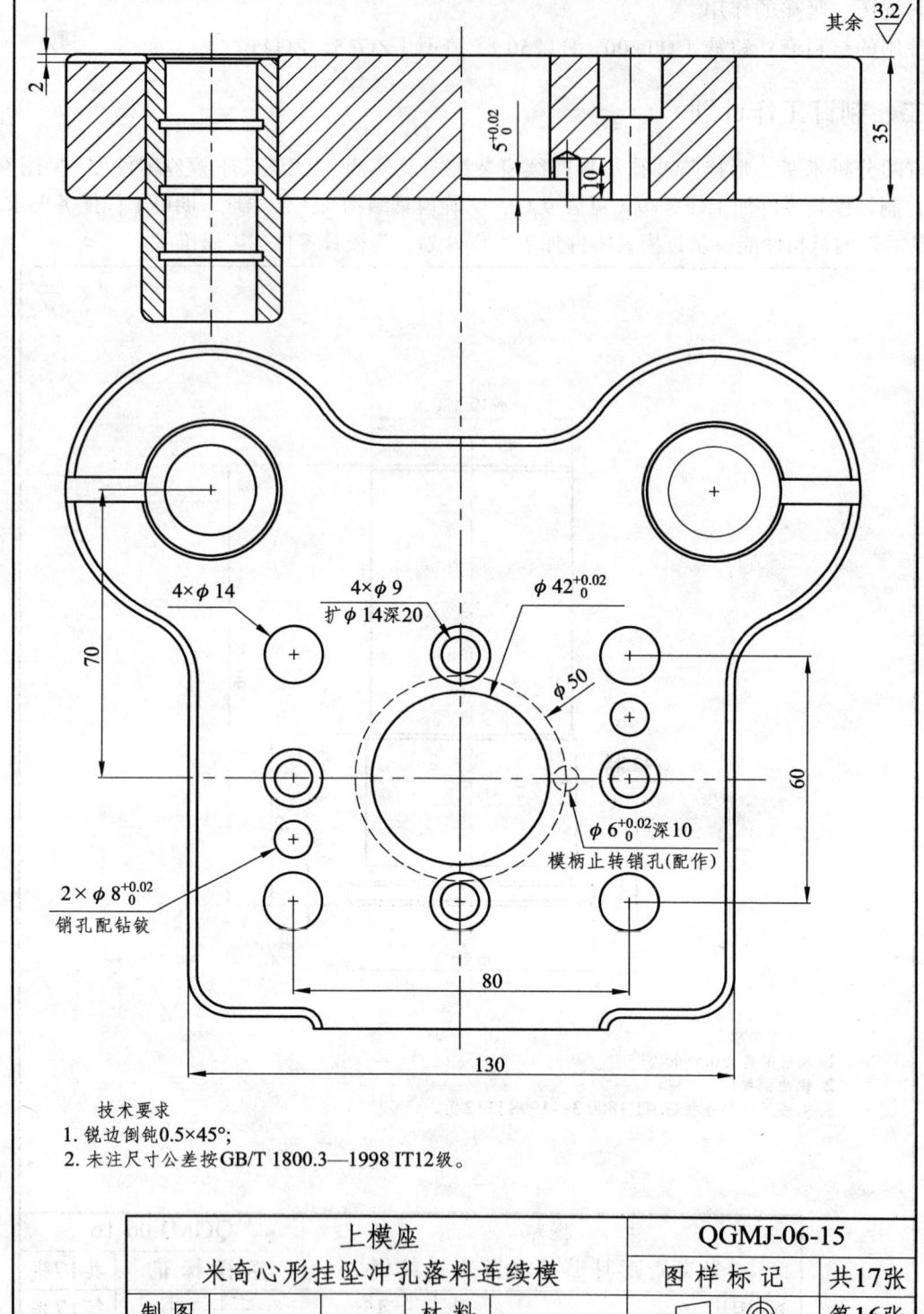

图 9.10 上模座零件图

学习任务 9　模架实体设计与制造

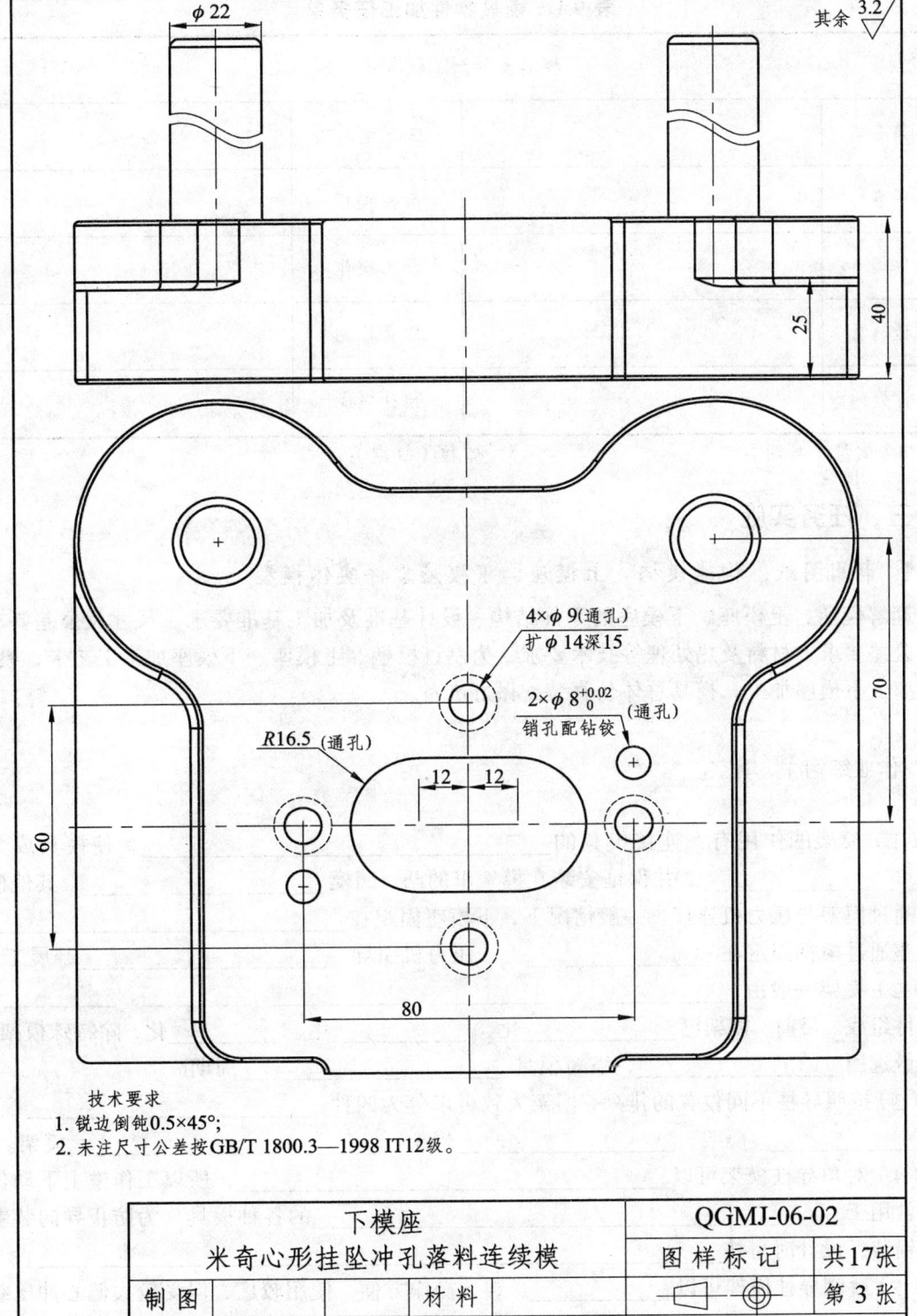

图 9.11　下模座零件图

表 9.1　模具零件加工任务单

模具零件加工任务单			
模具名称		工艺制订	
零件名称		数控编程	
零件编号		加工操作	
制造数量		质量检测	
预计开始		预计完成	

任务制订（日期）：　　　　　　　　　审核（日期）：

三、任务实施

1. 审阅图纸，构建模柄、上模座、下模座零件实体模型

理解模柄、上模座、下模座的零件结构、设计基准及加工基准要求、尺寸及公差要求、形位公差要求、材料及热处理等技术要求，为制订模柄、上模座、下模座加工工艺卡，模柄、上模座、下模座加工，模具总体仿真装配做好准备。

 作业练习1：填空。

（1）模架的作用有：连接模具的_____，使模具成为一个_____，并保证安装在模架里的凸、凹模_____。其他模具组件通过模架与压力机连接。一般情况下，下模座固定在_____上，上模座通过模柄固定在_____上，压力机引导_____开展工作。

（2）模架一般由_____、_____、_____、_____、_____五种零件组成。目前，模架已_____化、_____化、_____化，除特殊模架外，应尽量选用_____，缩短模具_____周期。

（3）按照导柱不同位置的排列，模架大致可以分为四种：_____模架、_____模架、_____模架、_____模架。

（4）对角导柱模架可以_____，所以工作模上下动作平稳，常用于_____的各种模具。为防止导向装置总装时错装，设计时可按_____。

（5）后侧导柱模架可以_____送料，操作方便，使用较广，但受较大偏心冲压载荷时_____。

（6）中间导柱模架其结构简单，加工方便，但_____适应性差，常用在_____的模具上。当受_____时，模具容易歪斜，滑动不平稳，使用

寿命短。为防止导向装置总装时错装，设计时可按_____。

（7）四角导柱模架用于大型冲压模具，上下动作_____，导向_____。

（8）_____是模具与冲床滑块连接的部件，它的_____应与滑块上的孔匹配，设计时要_____。

（9）_____是模具重要的导向装置，它不仅使模具操作方便，而且使模具装配时_____，确保零件的_____，对_____的寿命和制件的精度有重要作用。导柱、导套导向装置常用的结构类型为_____，其结构简单、制造方便，但_____。导柱、导套常使用_____等材料制造，其表面硬度要求：导柱_____；导套_____。

（10）_____是安装模具各零部件的基础件，上模座、下模座要有足够的_____，还要能起_____的作用。常用的材料有_____等。

 作业练习2：审阅图纸，按图纸要求填写资料。

（1）模柄的外形尺寸_____。
（2）上模座的外形尺寸_____。
（3）下模座的外形尺寸_____。
（4）上模座的结构特点有_____型孔、_____螺纹通孔、_____销钉孔，_____模柄止转销钉孔。
（5）下模座的结构特点有_____型孔、_____螺纹通孔、_____销钉孔。

作业练习3：构建模柄、上模座、下模座零件实体模型，如图9.12～9.14所示。

图9.12　模柄实体模型

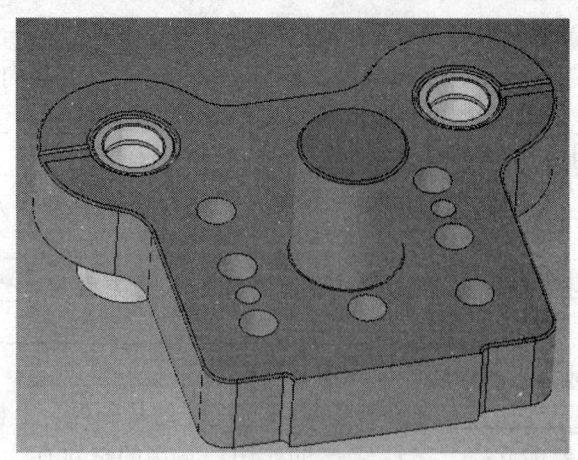

图 9.13 上模座实体模型

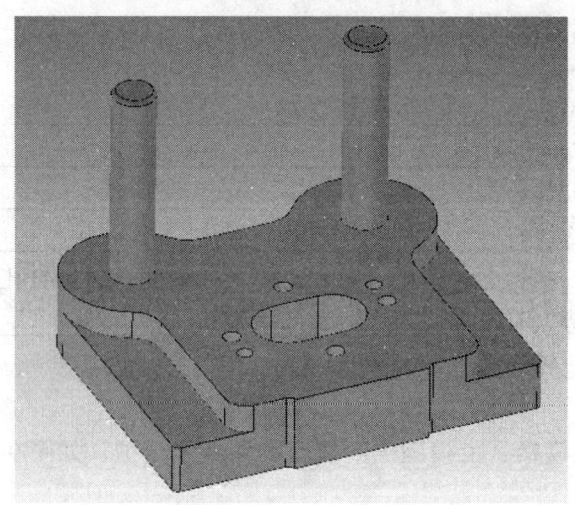

图 9.14 下模座实体模型

2. 制订凹模零件加工工艺

（1）根据车间现有的技术条件（设备、刀具等），制订模柄、上模座、下模座零件加工工艺（见表 9.2~9.4）。

表 9.2 模具零件加工工艺卡

零件名称		模柄		零件材料			共　　页
零件编号				毛坯尺寸			第　　页
序号	工序名称	工序内容		设备	刀具	计划工时/min	备注
1							
2							
3							

制订（日期）：　　　　审核（日期）：　　　　教师批准（日期）：

表 9.3　模具零件加工工艺卡

零件名称		上模座		零件材料				共　页
零件编号				毛坯尺寸				第　页
序号	工序名称	工序内容		设备		刀具	计划工时/min	备注
1								
2								
3								
4								
5								

制订（日期）：　　　　审核（日期）：　　　　教师批准（日期）：

表 9.4　模具零件加工工艺卡

零件名称		下模座		零件材料				共　页
零件编号				毛坯尺寸				第　页
序号	工序名称	工序内容		设备		刀具	计划工时/min	备注
1								
2								
3								
4								
5								

制订（日期）：　　　　审核（日期）：　　　　教师批准（日期）：

3. 加工实施

模具制造负责人完成、检查上述各工艺表格，组织、分配小组成员实施零件加工。

（1）备料：外购材料。

（2）材料加工前处理：材料加工前要检查备料尺寸，钳工修锉，去除毛刺，进行必要的找正、划线操作，做加工前准备。

（3）编制数控加工程序：根据零件加工工艺编制数控铣加工程序。

（4）车加工：采用普车床对模柄进行加工。

（5）铣加工：采用数控铣床对上、下模座进行加工，各螺钉通孔及形位按图纸要求加工。

（6）检测前处理：钳工清理、修锉凹模零件，去毛刺，做零件检测前准备。

4. 零件质量检测

模具制造负责人组织小组成员对零件进行质量检测，填写零件加工质量检验报告单（见表 9.5～9.7）。

表 9.5 模具零件加工质量检验报告单

编号：

零件名称		模柄		零件编号		QGMJ-06-16	
序号	检测项目		量具	自检数值	互检数值	专检数值	
1	$\phi 49$			□合格 □不合格	□合格 □不合格	□合格 □不合格	
2	$\phi 42^{+0.02}_{+0.01}$			□合格 □不合格	□合格 □不合格	□合格 □不合格	
3	$\phi 40^{-0.02}_{-0.05}$			□合格 □不合格	□合格 □不合格	□合格 □不合格	
4	$5^{\ 0}_{-0.02}$			□合格 □不合格	□合格 □不合格	□合格 □不合格	
5	35			□合格 □不合格	□合格 □不合格	□合格 □不合格	
6	3×1			□合格 □不合格	□合格 □不合格	□合格 □不合格	
7	90			□合格 □不合格	□合格 □不合格	□合格 □不合格	
检测人签名（日期）							
质量分析与解决方法	制造者填写	□合格　□让步接收　□返工　□返修　□报废　　　　　　　　　　　　　　　　　加工者：　　　　　　　　　　　　　　日期：					
	制造负责人填写	□合格　□让步接收　□返工　□返修　□报废　　　　　　　　　　　　　　　　　小组长：　　　　　　　　　　　　　　日期：					
分析与点评	教师填写	□合格　□让步接收　□返工　□返修　□报废　　　　　　　　　　　　　　　　　教　师：　　　　　　　　　　　　　　日期：					

表 9.6 模具零件加工质量检验报告单

编号：

零件名称		上模座	零件编号		QGMJ-06-15	
序号	检测项目	量具	自检数值	互检数值	专检数值
1	$\phi 42^{+0.02}_{+0}$		□合格 □不合格	□合格 □不合格	□合格 □不合格
2	$\phi 50$		□合格 □不合格	□合格 □不合格	□合格 □不合格
3	$5^{+0.02}_{-0}$		□合格 □不合格	□合格 □不合格	□合格 □不合格
4	80，60，4×$\phi 14$		□合格 □不合格	□合格 □不合格	□合格 □不合格
5	80，60，4×$\phi 9$，$\phi 14$深20		□合格 □不合格	□合格 □不合格	□合格 □不合格
6	$\phi 6^{+0.02}_{-0}$深10（配作）		□合格 □不合格	□合格 □不合格	□合格 □不合格
7	2×$\phi 8^{+0.02}_{-0}$（配作）		□合格 □不合格	□合格 □不合格	□合格 □不合格
检测人签名（日期）					

续表

质量分析与解决方法	制造者填写	□合格　　□让步接收　　□返工　　□返修　　□报废
		加工者：　　　　　　　　　　　　日期：
	制造负责人填写	□合格　　□让步接收　　□返工　　□返修　　□报废
		小组长：　　　　　　　　　　　　日期：
分析与点评	教师填写	□合格　　□让步接收　　□返工　　□返修　　□报废
		教　师：　　　　　　　　　　　　日期：

表 9.7 模具零件加工质量检验报告单

编号：

零件名称	下模座		零件编号		QGMJ-06-02	
序号	检测项目	量具	自检数值		互检数值	专检数值
1	70		□合格 □不合格		□合格 □不合格	□合格 □不合格
2	12, 12, R16.5（漏料型孔）		□合格 □不合格		□合格 □不合格	□合格 □不合格
3	80, 60, 4×ϕ9, ϕ14 深 15		□合格 □不合格		□合格 □不合格	□合格 □不合格
4	2×$\phi 8^{+0.02}_{-0}$（配作）		□合格 □不合格		□合格 □不合格	□合格 □不合格
检测人签名（日期）						

质量分析与解决方法	制造者填写	□合格　□让步接收　□返工　□返修　□报废
		加工者：　　　　　　　　　　　　　　日期：
	制造负责人填写	□合格　□让步接收　□返工　□返修　□报废
		小组长：　　　　　　　　　　　　　　日期：
分析与点评	教师填写	□合格　□让步接收　□返工　□返修　□报废
		教　师：　　　　　　　　　　　　　　日期：

四、学习评价

完成模架零件加工、检测后,对本学习过程进行综合小结评价,并填写学习评价表(见表 9.8)。

表 9.8 学习评价表

班级		姓名		学号	日期	
任务名称						
自我评价	1	遵守安全规则,着装、劳动防护规范			□是	□否
	2	安全、文明生产			□是	□否
	3	利用课外教材、网络资源等途径查找有效信息			□是	□否
	4	完成模具零件的实体结构设计			□是	□否
	5	参与小组的讨论			□是	□否
	6	参与制订模具零件的加工工艺卡			□是	□否
	7	参与完成分配的模具零件加工任务			□是	□否
	8	进行模具零件质量检测			□是	□否
	9	完成工作页的填写			□是	□否
	10	学习效果自评等级:□优　□良　□中　□合格　□不合格				
	11	总结与反思:				
小组评价	12	遵守课堂纪律		□优　□良　□中　□其他		
	13	安全意识与安全操作				
	14	能积极配合小组成员完成工作任务				
	15	在小组讨论中能积极发言				
	16	能够清晰表达自己的观点				
	17	在工作中的表现				
	18	对自己的客观评价				
	19	学习效果小组评等级:□优　□良　□中　□合格　□不合格				
	20	小组综合评价:				
教师评价	21	学习效果教师评等级:□优　□良　□中　□合格　□不合格				
	22	教师综合评价: 教师签名:　　　　　　　　　年　月　日				

五、学习拓展

1. 查找教材或网络资源,了解冷冲压模具其他类型导向装置的结构。

2. 为什么模柄与上模座装配后要用止转销固定?

学习任务10　模具实体装配与组装

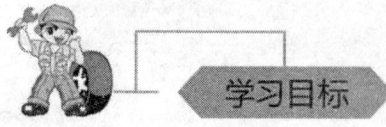

（1）懂得冲孔落料连续模的结构；
（2）能描述模具各组成部分及其作用；
（3）能按模具图纸构建模具实体模型；
（4）能按模具的装配工艺组装模具；
（5）能按照安全文明生产操作规程的要求规范操作。

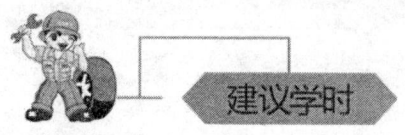

12 学时。

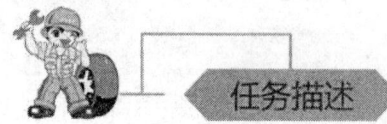

完成模具各零件实体构建与零件加工后，需要把各零件进行装配，检查模具的完整性及尺寸的准确性，现要求按下达的模具设计图纸，制订工作计划，拟订模具零件加工工艺，完成模具组装（见图 10.1 和图 10.2）。

图 10.1　上下模组装

图 10.2　模具组装

一、知识准备

1. 模具装配过程

模具的装配可分为组件装配和总装配两个过程。

按照模具技术要求和各零件间的相互关系,将合格的零件连接固定为组件的装配过程,称为模具组件装配,如上模座、下模座等。

按照模具技术要求和各零件间的相互关系,将合格的零件及组件,装配成整套模具的过程称为总装配。

2．组件装配

冲裁模一般选用标准模架,采购时导套、导柱已安装在上模座、下模座上,装配时只需对标准模架进行补充加工,然后进行模柄等部件装配。根据模具结构的不同,组件装配通常有模柄的装配、凸模与固定板的装配等。

（1）模柄的装配。

压入式模柄的装配如图10.3所示。冲裁模采用压入式模柄,模柄与上模座的配合为H7/m6。装配前要检查模柄和上模座配合部位的尺寸精度和表面粗糙度,并检验模座安装面与平面的垂直度精度,其误差不大于0.05 mm。装配时将上模座放平,在压力机上将模柄慢慢压入（或用铜棒打入）模座,模柄压入的同时检查模柄的垂直度,直至模柄台阶面与安装孔台阶面接触。模柄相对上模座上平面的垂直度精度。合格后,加工骑缝销孔,安装骑缝销,最后在平面磨床上磨平端面。

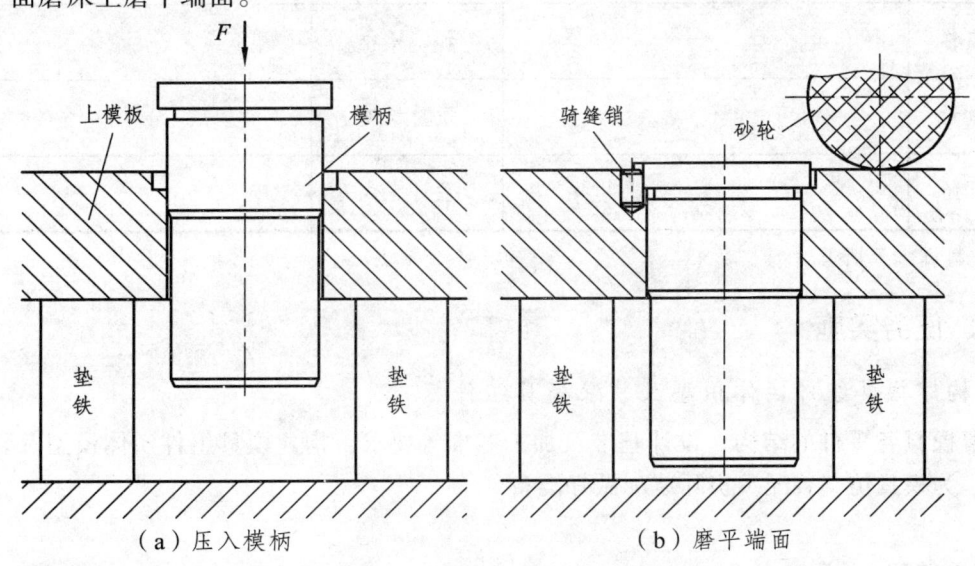

图10.3 压入式模柄装配

（2）凸模与固定板的装配。

压入式凸模与固定板的装配过程如图10.4所示。凸模与固定板的配合常采用H7/m6或H7/n6。凸模压入固定板后,其固定端的端面和固定板的支承面应处于同一平面。凸模应和固定板的支承面垂直。其装配过程和要点与模柄的装配方法相同。

二、制订工作计划

审阅分析米奇心形挂坠冲孔落料连续模装配图及零件图,制订模具装配任务单（见表10.1）,明确模具结构与工作原理,明确工作任务要求,明确模具零件的材料性能,制订模具零件加工工作计划,为模具零件加工做准备。

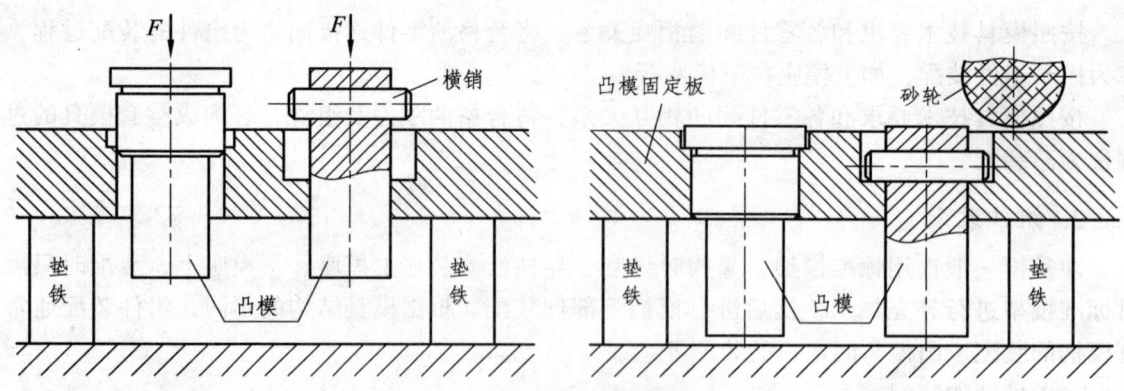

图 10.4　凸模与固定板的装配

表 10.1　模具装配任务单

模具装配任务单			
模具名称		工艺制订	
模具名称		加工操作	
装配数量		质量检测	
预计开始		预计完成	

任务制订（日期）：　　　　　　　　　　　审核（日期）：

三、任务实施

1. 构建模具组件实体模型及装配模具组件

理解模具各零件的结构、设计基准及加工基准等要求，构建模具组件实体模型及装配模具组件，为模具仿真装配及实际装配做好准备。

 作业练习1：填空。

（1）按照模具技术要求和各零件间的相互关系，将合格的零件＿＿＿＿＿＿＿＿为组件的装配过程，称为模具＿＿＿＿＿＿＿＿＿＿＿＿，如＿＿＿＿＿＿＿＿＿＿、＿＿＿＿＿＿＿＿＿＿＿＿等。

（2）按照模具技术要求和各零件间的相互关系，将合格的＿＿＿＿＿＿＿＿＿及＿＿＿＿＿＿＿＿，装配成＿＿＿＿＿＿＿＿＿＿＿＿＿模具的过程称为＿＿＿＿＿＿＿＿＿＿＿＿＿＿＿＿＿＿。

（3）冲裁模一般选用＿＿＿＿＿＿＿＿＿＿＿＿，采购时＿＿＿＿＿＿＿＿、＿＿＿＿＿＿＿＿已安装在＿＿＿＿＿＿＿＿＿＿＿＿＿＿＿＿＿＿＿＿上，装配时只需对标准模架进行＿＿＿＿＿＿＿＿，然后进行＿＿＿＿＿＿＿＿＿＿装配。根据模具结构的不同，组件装配通常有＿＿＿＿＿＿＿＿＿＿的装配、＿＿＿＿＿＿＿＿＿＿＿＿＿＿的装配等。

作业练习2：构建上模座-模柄组件实体模型（见图10.5）。

作业练习3：构建凸模-凸模固定板实体模型（见图10.6）。

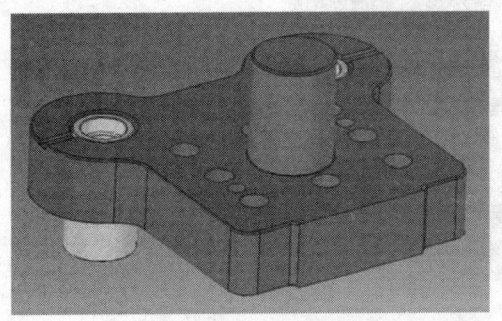
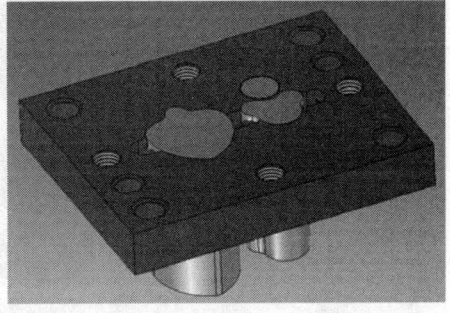

图 10.5　上模座-模柄组件实体模型　　　图 10.6　凸模-凸模固定板实体模型

2. 构建下模实体装配模型及装配下模

（1）以下模座为基础件；
（2）装入凹模，并将螺钉预拧紧；
（3）装入凹模圆柱销，拧紧紧固螺钉；
（4）将导料板放在凹模上，始用挡块要放在凹模与导料板之间，将螺钉预拧紧；
（5）装入圆柱销并将导料板紧固螺钉拧紧；
（6）装入托料板，拧紧紧固螺钉；
（7）装入挡料销。

作业练习4：构建下模实体装配（见图10.7）。

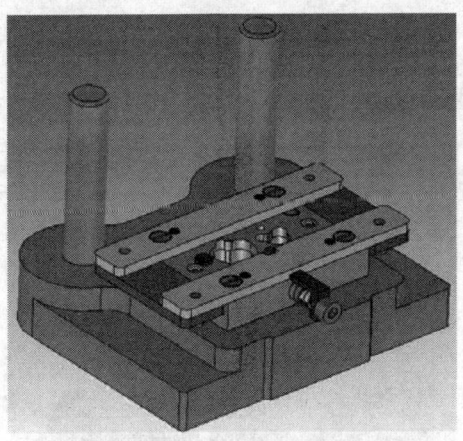

图 10.7　下模实体装配

3. 构建上模实体装配模型及装配上模

（1）将下模按工作位置平放在工作台上，卸除凹模上的导料板等零件，在凹模之上的型孔边缘放上平行垫块（高度比伸出固定板的凸模长度小 1 mm 左右），如图 10.8 所示。

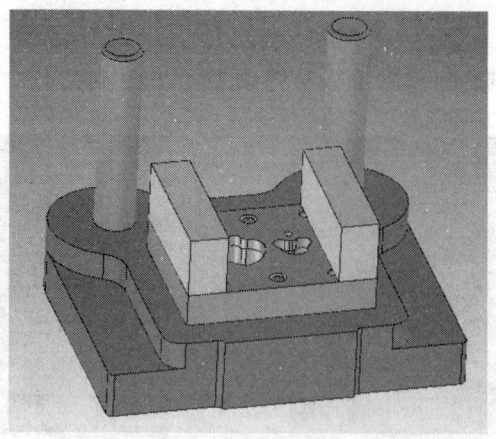

图 10.8　下模实体模型构建过程一

（2）装入凸模-凸模固定板组件，检查（调配）冲裁间隙，如图 10.9 所示。

图 10.9　下模实体模型构建过程二

（3）装入凸模垫板，如图 10.10 所示。

图 10.10　下模实体模型构建过程三

（4）装入上模座-模柄组件，并将螺钉预拧紧；
（5）再次检查（调配）冲裁间隙，配装入圆柱销并将紧固螺钉拧紧；
（6）从下模中取出上模，翻转 90°，装入卸料板、卸料橡胶、卸料螺钉，拧紧卸料螺钉。

作业练习 5：构建上模实体装配模型（见图 10.11）。

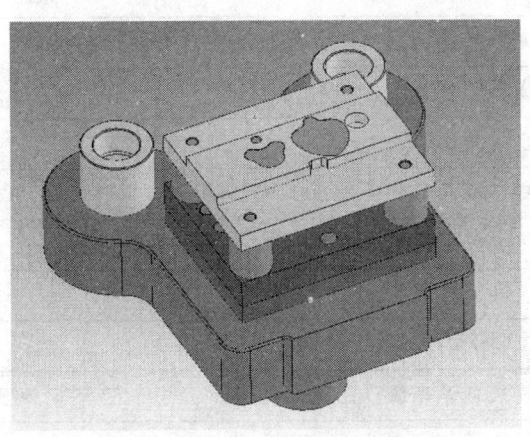

图 10.11　上模实体装配模型

4. 合　模

上、下模分别装配结束后，进行合模操作，实体模型检查干涉情况，模具对照图纸检查刃口间隙及整体安装情况，完成装模过程。

作业练习 6：构建合模实体装配模型（见图 10.12）。

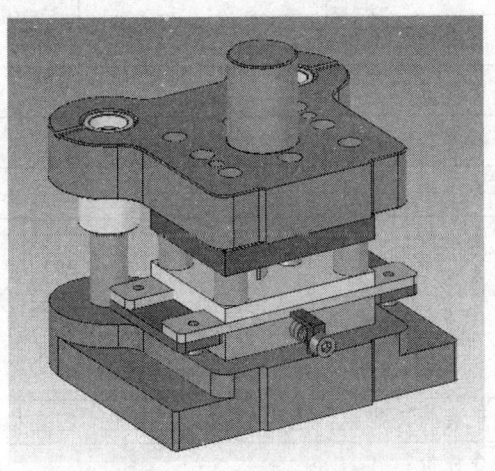

图 10.12　合模实体装配模型

四、学习评价

完成模具装配后，对本学习过程进行综合小结评价，并填写学习评价表（见表 10.2）。

表 10.2　学习评价表

班级		姓名		学号		日期	
任务名称							
自我评价	1	遵守安全规则，着装、劳动防护规范				□是	□否
	2	安全、文明生产				□是	□否
	3	利用课外教材、网络资源等途径查找有效信息				□是	□否
	4	完成模具零件的实体结构设计				□是	□否
	5	参与小组的讨论				□是	□否
	6	参与制订模具零件的加工工艺卡				□是	□否
	7	参与完成分配的模具零件加工任务				□是	□否
	8	进行模具零件质量检测				□是	□否
	9	完成工作页的填写				□是	□否
	10	学习效果自评等级：□优　□良　□中　□合格　□不合格					
	11	总结与反思：					
小组评价	12	遵守课堂纪律		□优　□良　□中　□其他			
	13	安全意识与安全操作					
	14	能积极配合小组成员完成工作任务					
	15	在小组讨论中能积极发言					
	16	能够清晰表达自己的观点					
	17	在工作中的表现					
	18	对自己的客观评价					
	19	学习效果小组评等级：□优　□良　□中　□合格　□不合格					
	20	小组综合评价：					
教师评价	21	学习效果教师评等级：□优　□良　□中　□合格　□不合格					
	22	教师综合评价：					
		教师签名：　　　　　　　　年　　月　　日					

五、学习拓展

盖帽落料拉深复合模实体设计与制造

接到客户的订单,加工盖帽冲压制件(见图 10.13),制件材料为黄铜,厚度为 0.5 mm,大批量生产。现要制造"盖帽落料拉深复合模"一套(见图 10.14),以满足生产的需要。

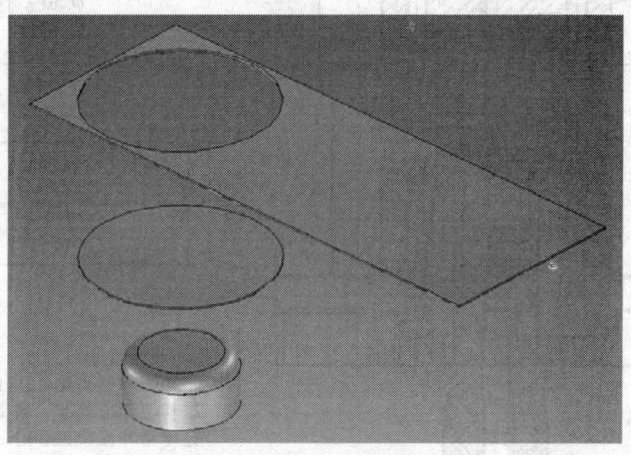

图 10.13 盖帽冲压制件

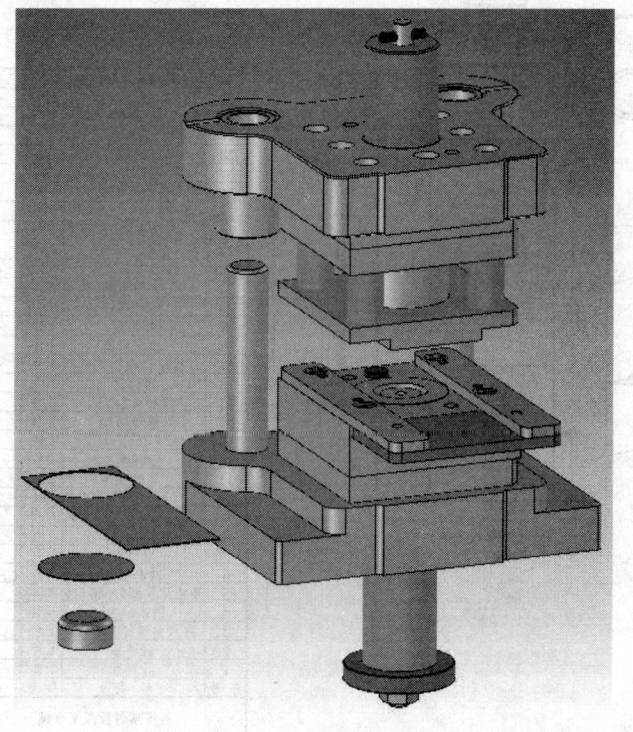

图 10.14 盖帽落料拉深复合模

"盖帽落料拉深复合模"各零件图如图 10.15 ~ 10.36 所示。

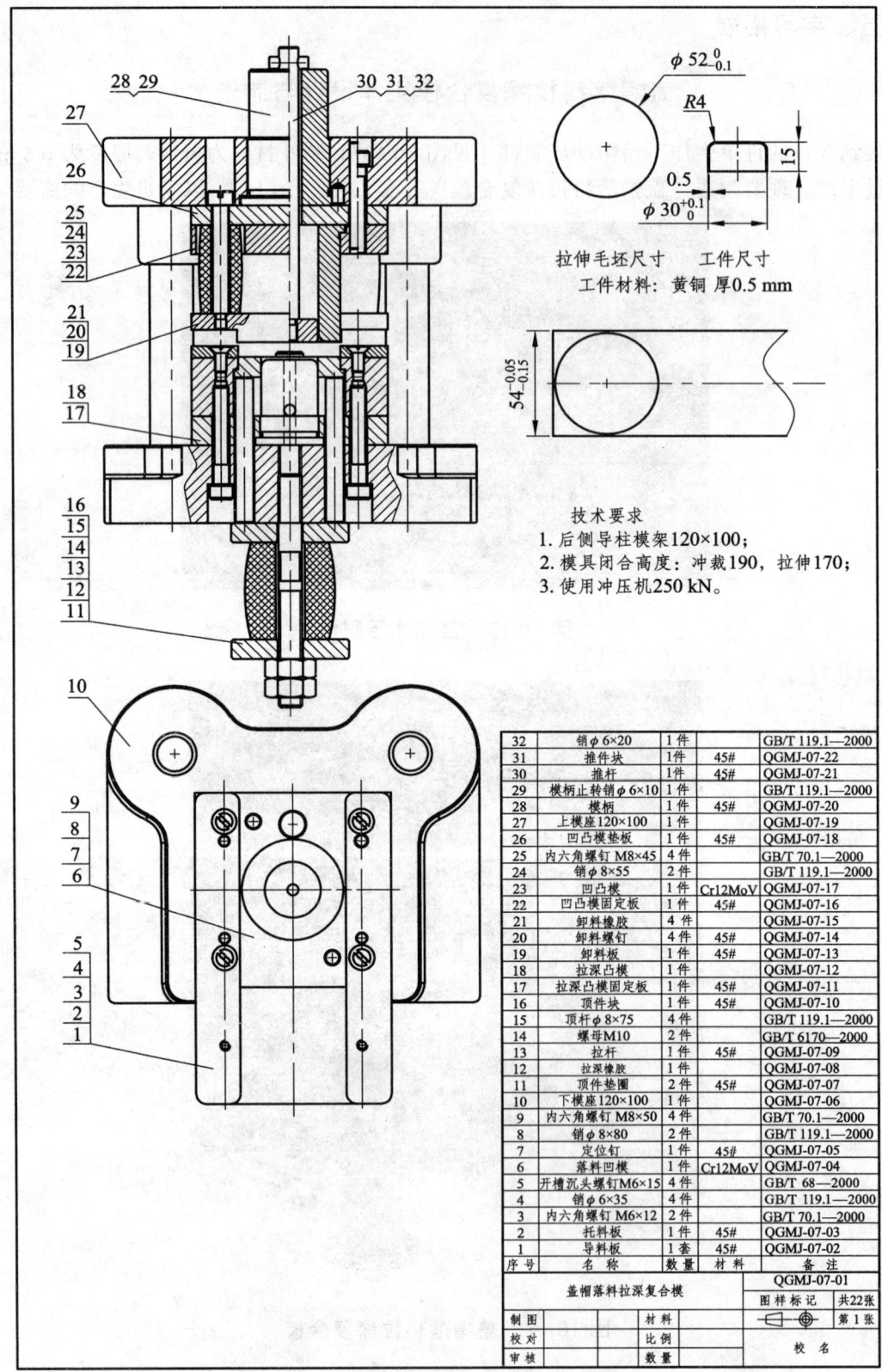

图 10.15 盖帽落料拉深复合模装配图

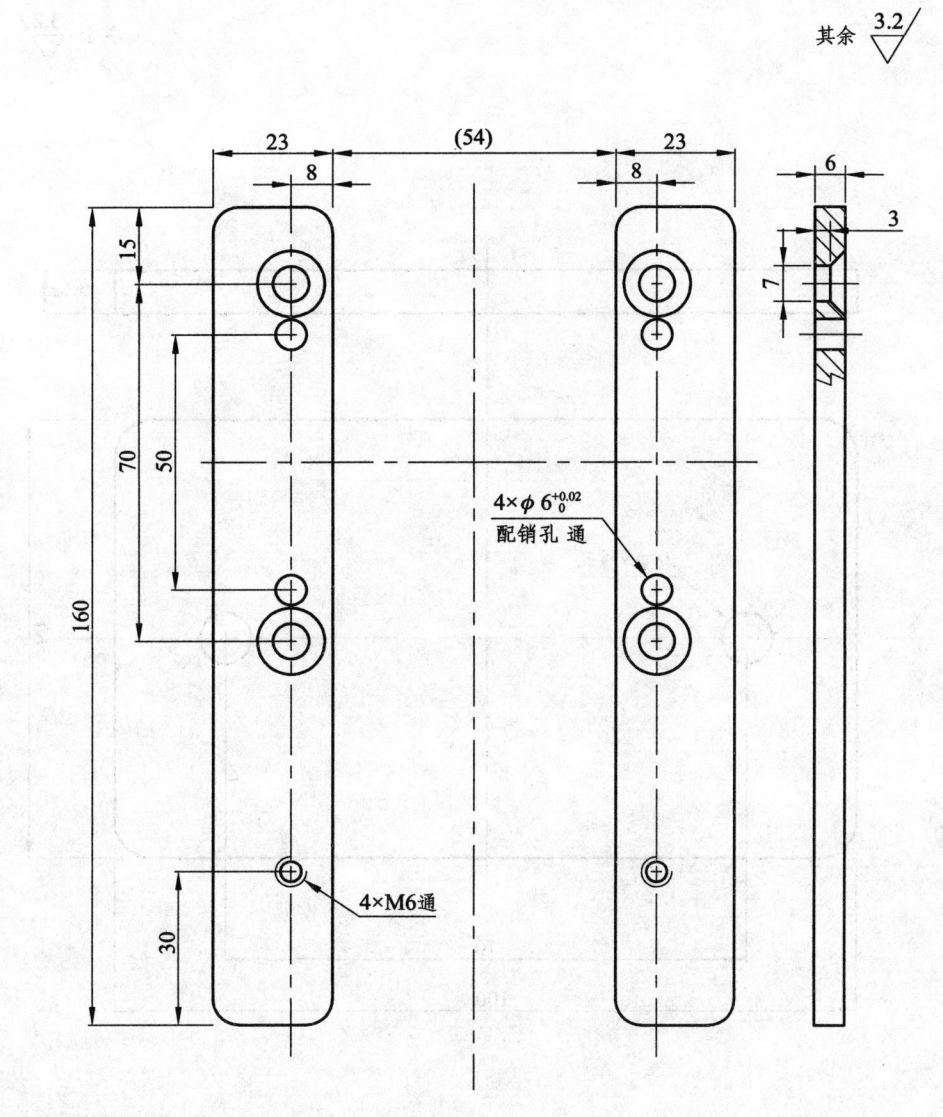

图 10.16 导料板零件图

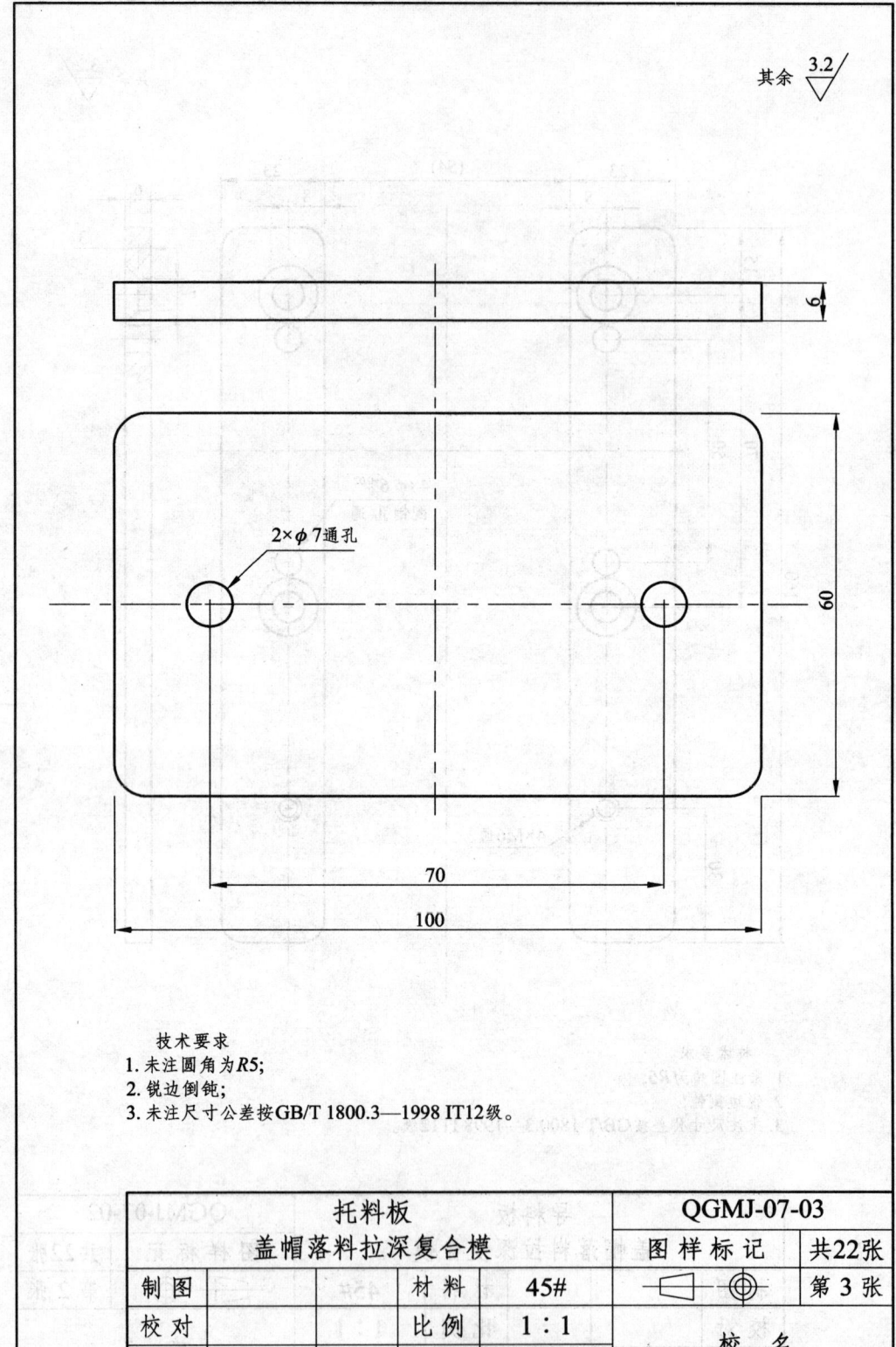

图 10.17 托料板零件图

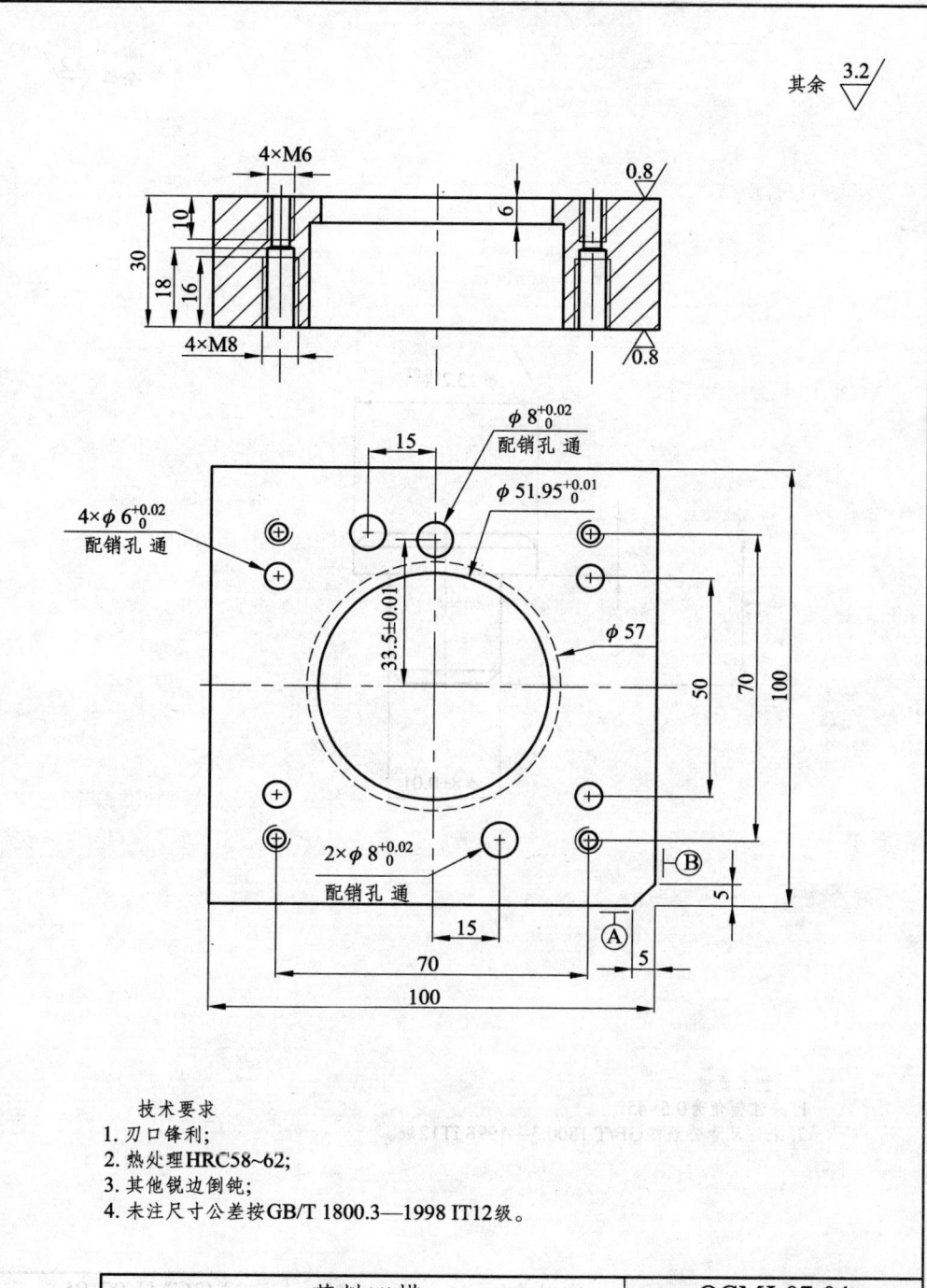

图 10.18 落料凸模零件图

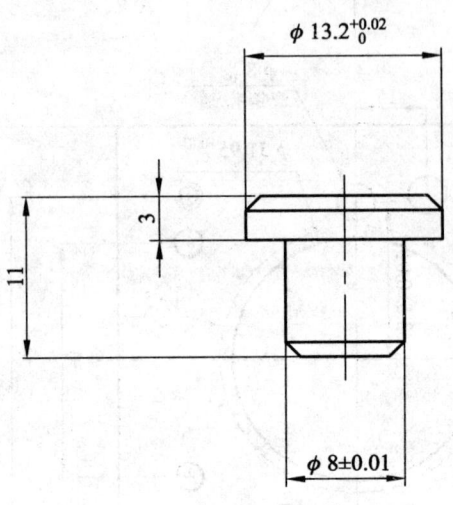

图 10.19 定位钉零件图

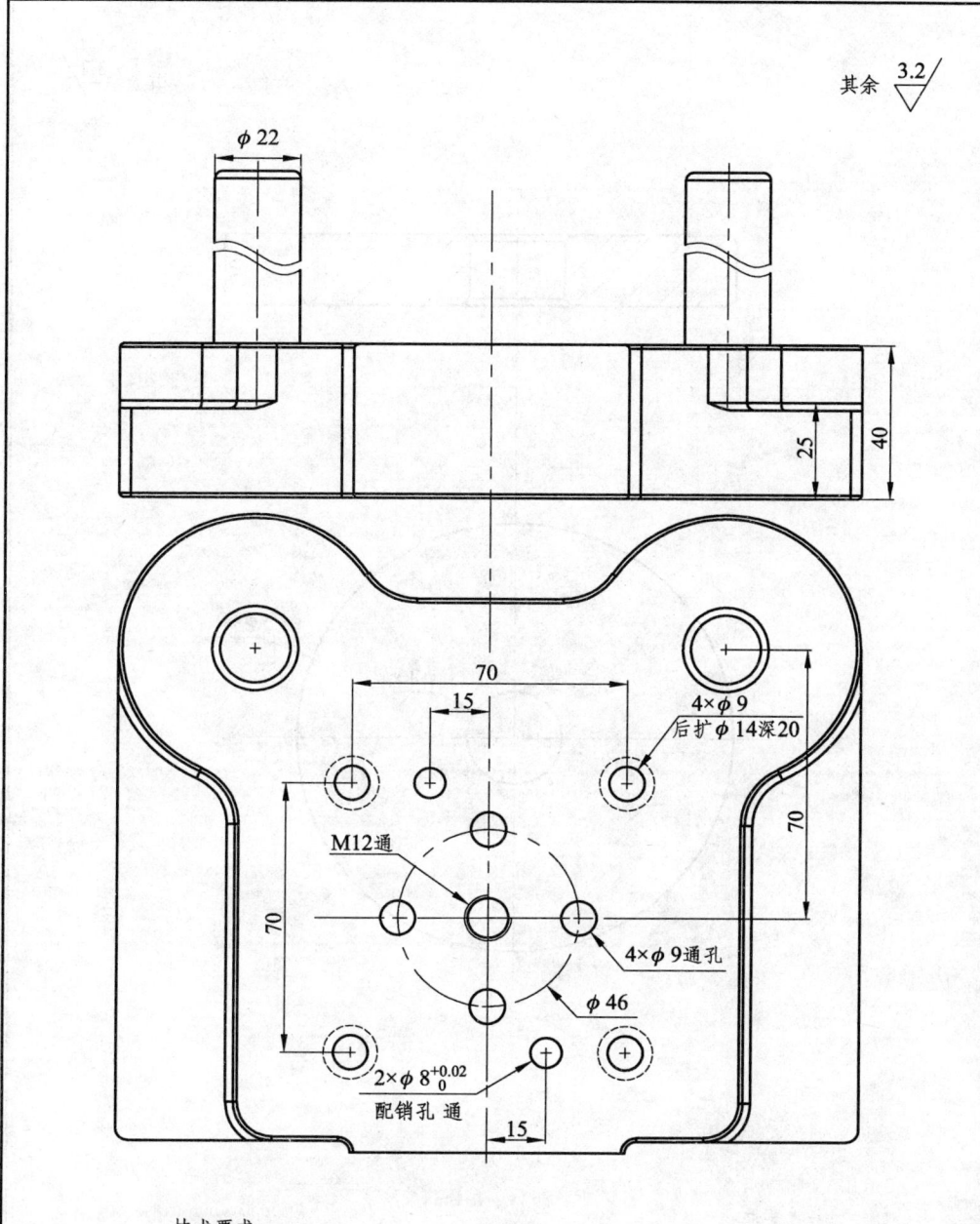

图 10.20 下模座零件图

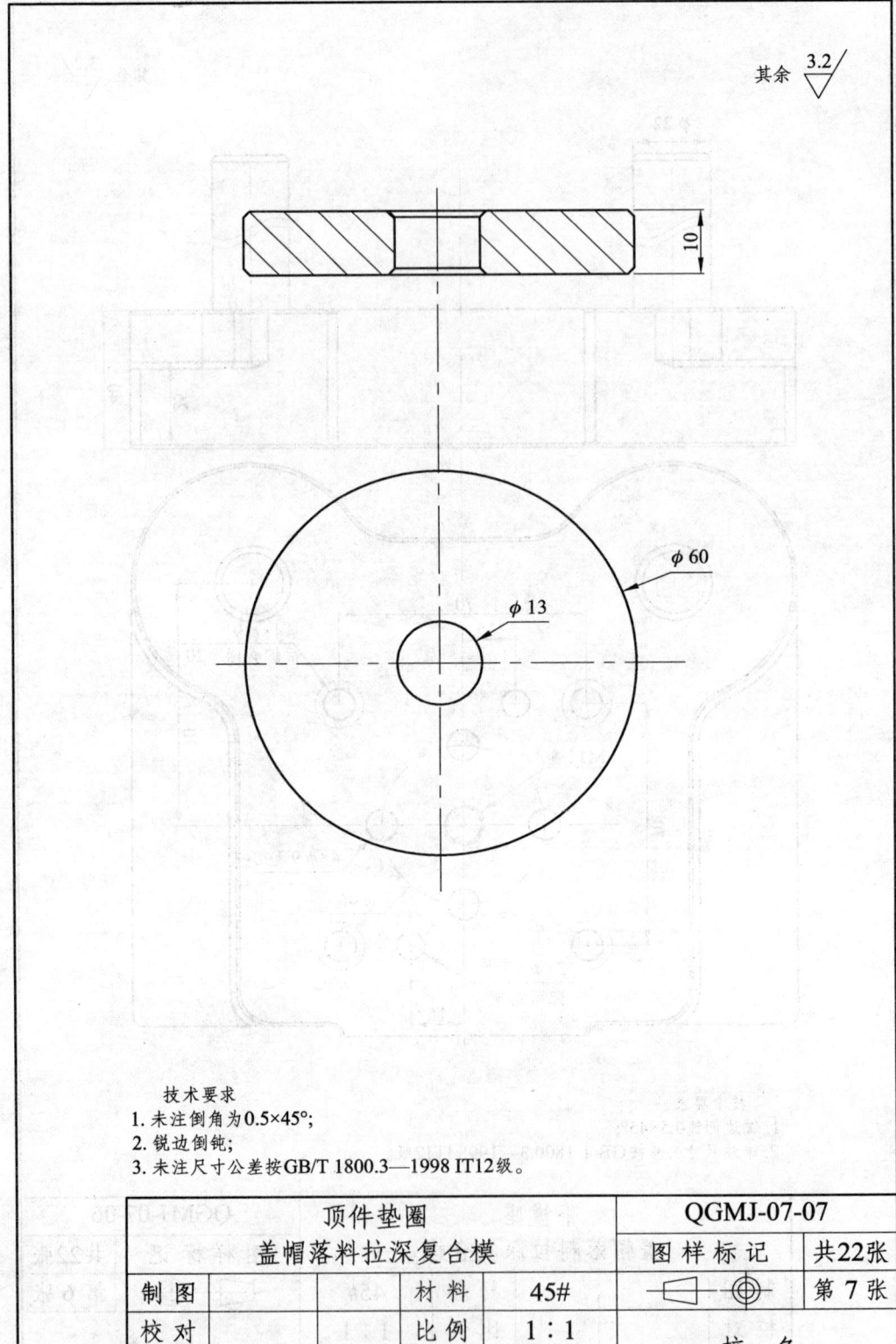

图 10.21 顶件垫圈零件图

学习任务 10 模具实体装配与组装

技术要求
1. 此零件可用外购件改制；
2. 锐边倒钝；
3. 未注尺寸公差按GB/T 1800.3—1998 IT12级。

拉深橡胶			QGMJ-07-08	
盖帽落料拉深复合模			图样标记	共22张
制图		材料	聚氨酯	第8张
校对		比例	1：1	校 名
审核		数量	4件	

图 10.22　拉深橡胶零件图

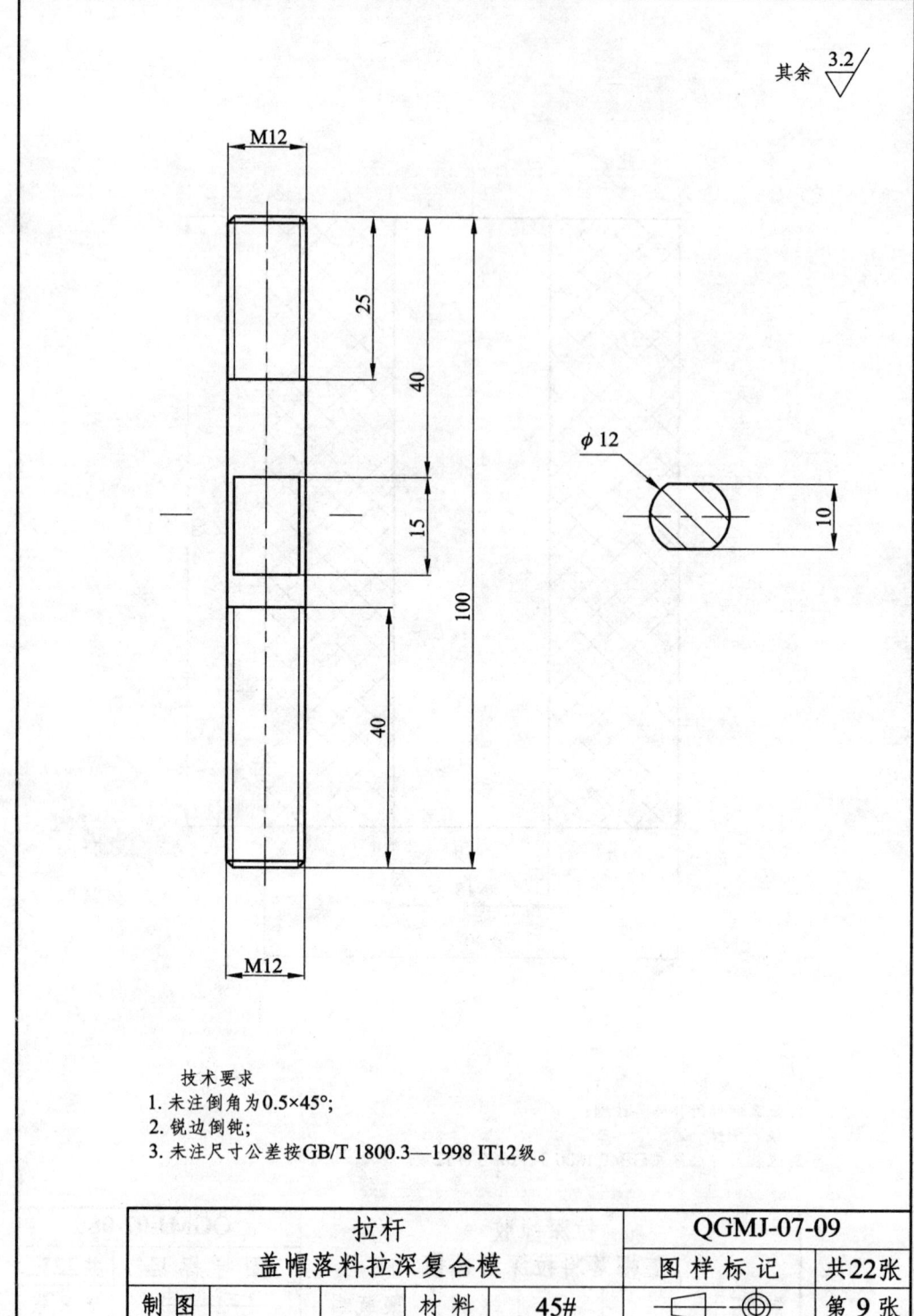

图 10.23 拉杆零件图

其余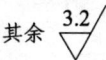

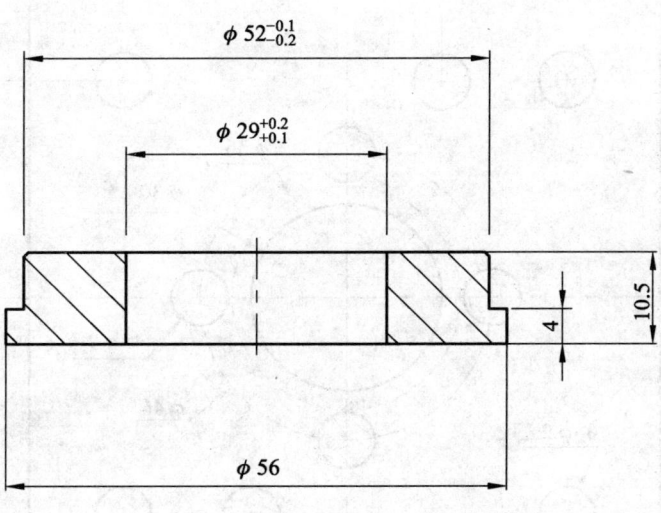

技术要求
1. 未注倒角为0.5×45°；
2. 锐边倒钝；
3. 未注尺寸公差按GB/T 1800.3—1998 IT12级。

顶件块				QGMJ-07-10	
盖帽落料拉深复合模				图样标记	共22张
制 图		材料	45#		第10张
校 对		比例	1:1	校 名	
审 核		数量	1件		

图 10.24 顶件块零件图

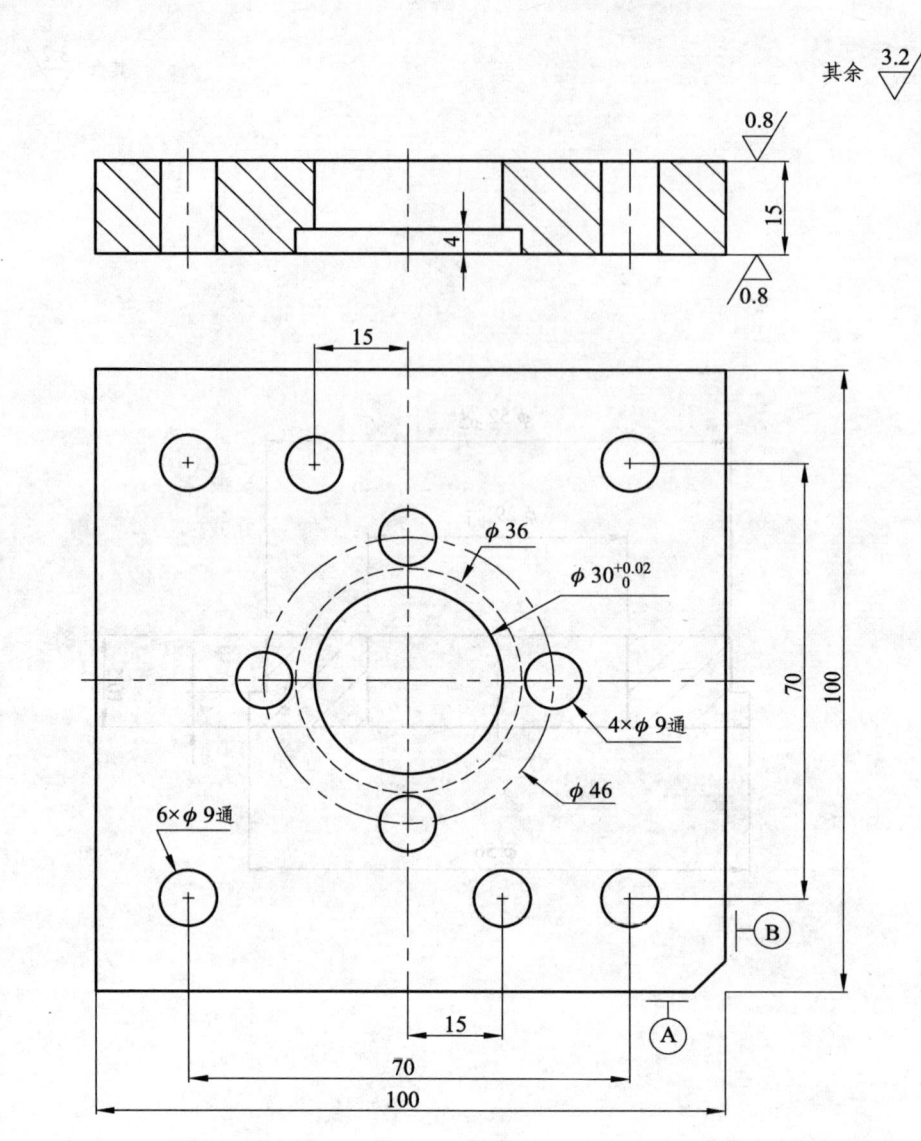

图 10.25 拉深凸模固定板零件图

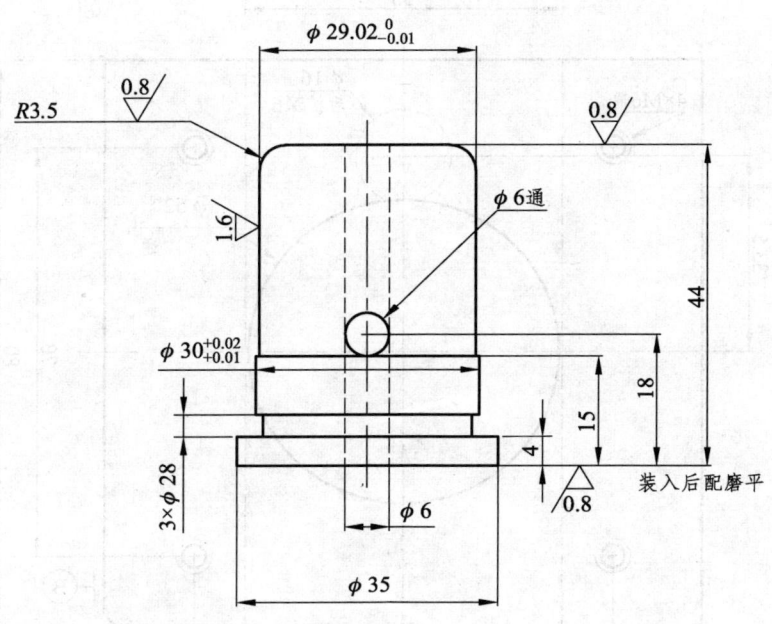

技术要求
1. 热处理HRC58~62；
2. 其他锐边倒钝；
3. 未注尺寸公差按GB/T 1800.3—1998 IT12级。

图 10.26 拉深凸模零件图

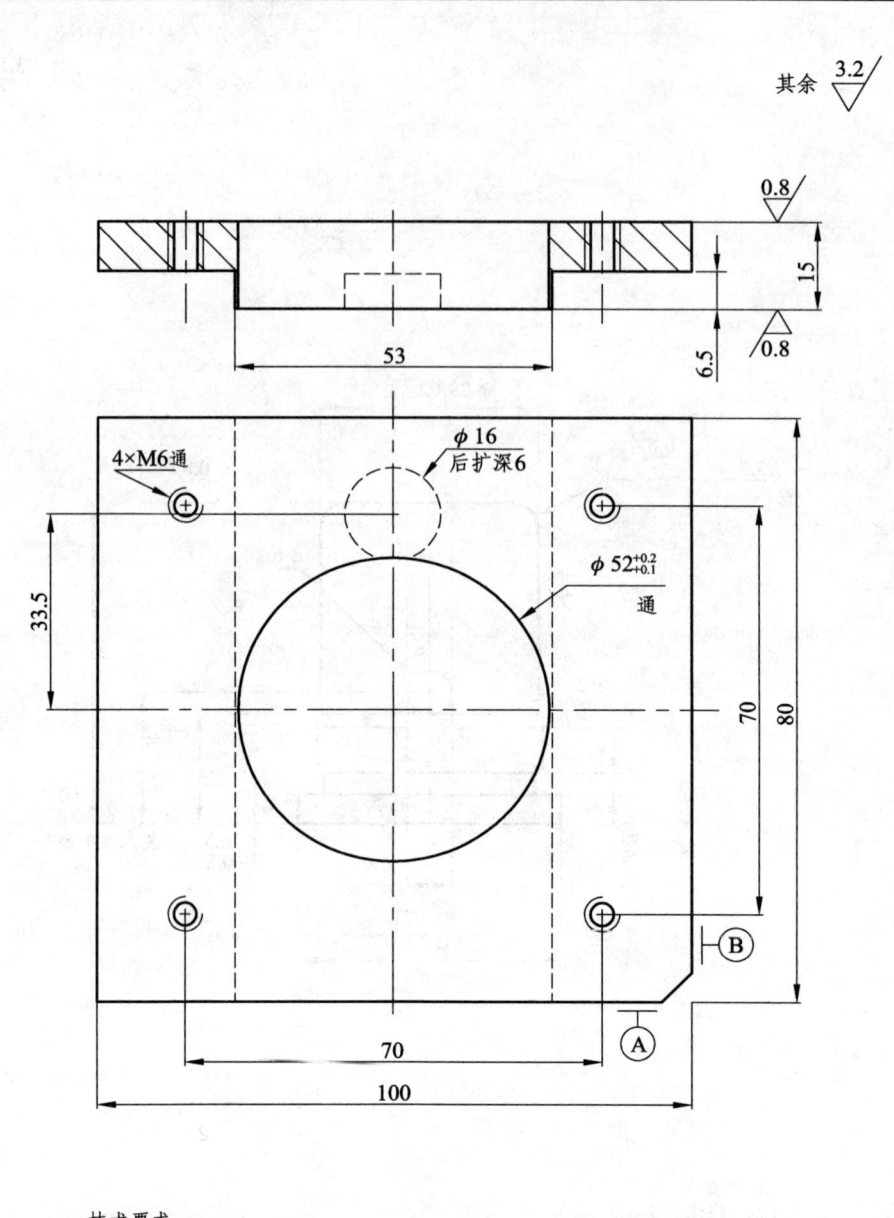

图 10.27 卸料板零件图

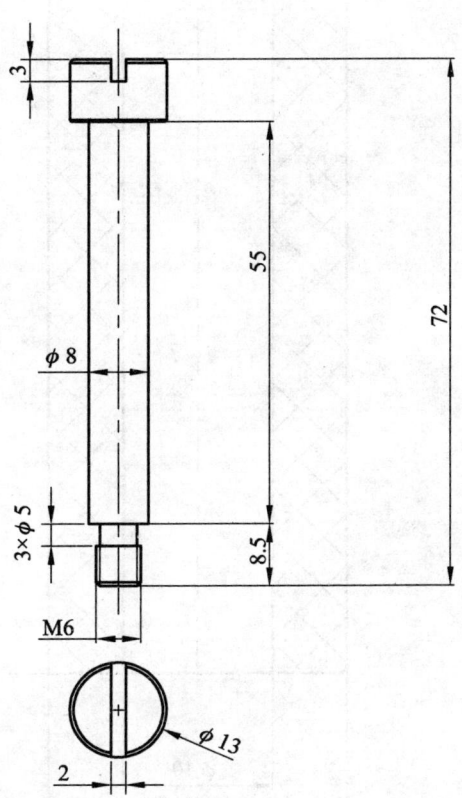

图 10.28 卸料螺钉零件图

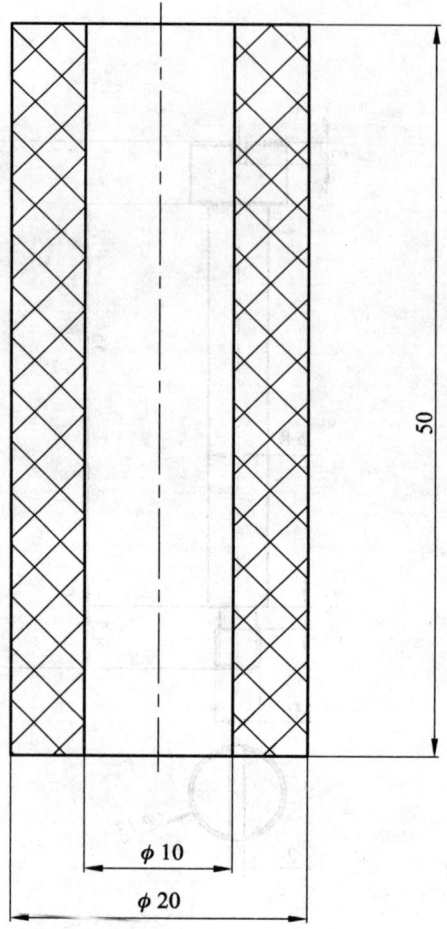

技术要求
1. 此零件可用外购件改制；
2. 锐边倒钝；
3. 未注尺寸公差按GB/T 1800.3—1998 IT12级。

卸料橡胶 盖帽落料拉深复合模			QGMJ-07-15	
制图		材料	聚氨酯	图样标记 共22张 第15张
校对		比例	1:1	校名
审核		数量	4件	

图 10.29 卸料橡胶零件图

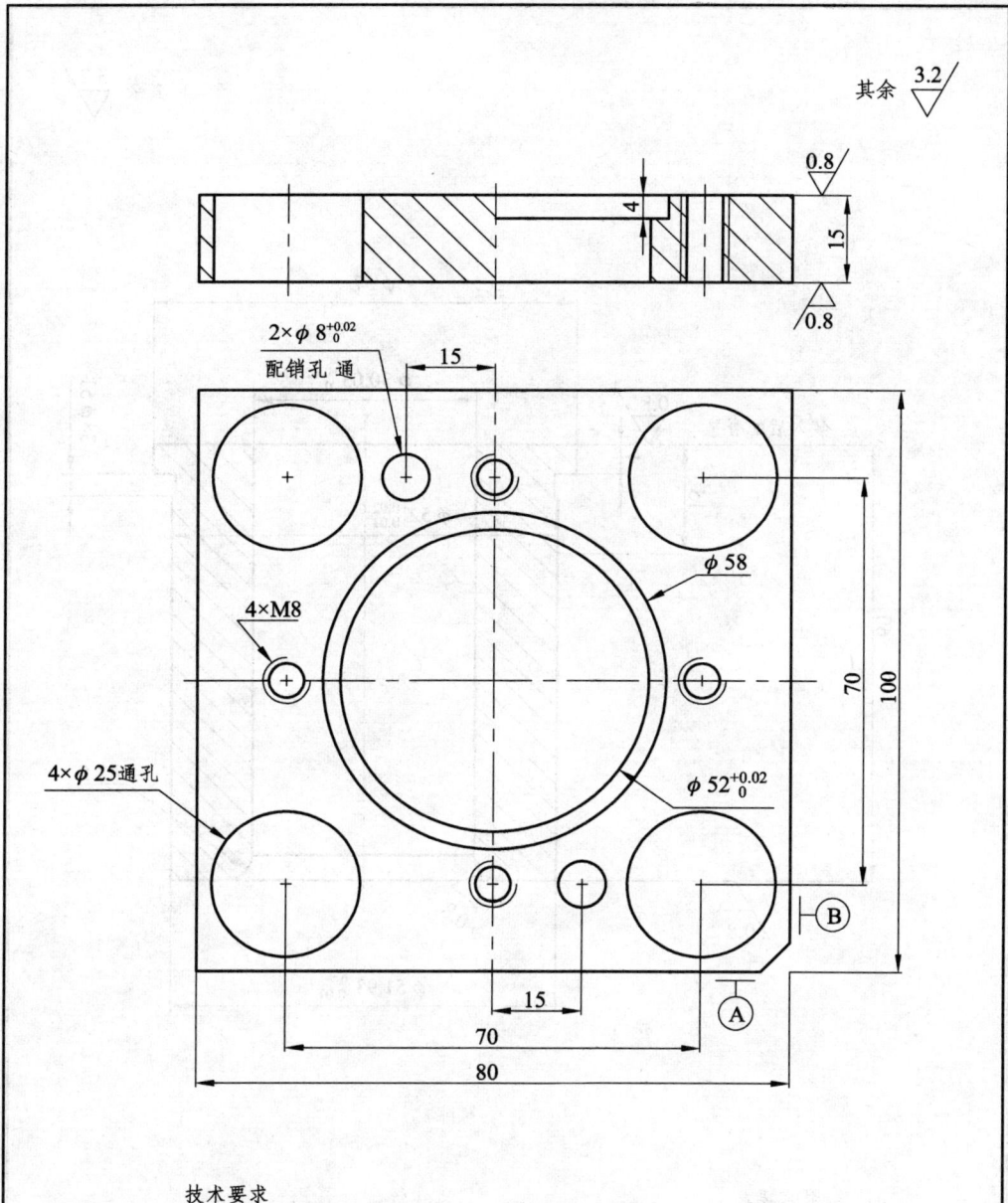

图 10.30　凹凸模固定板零件图

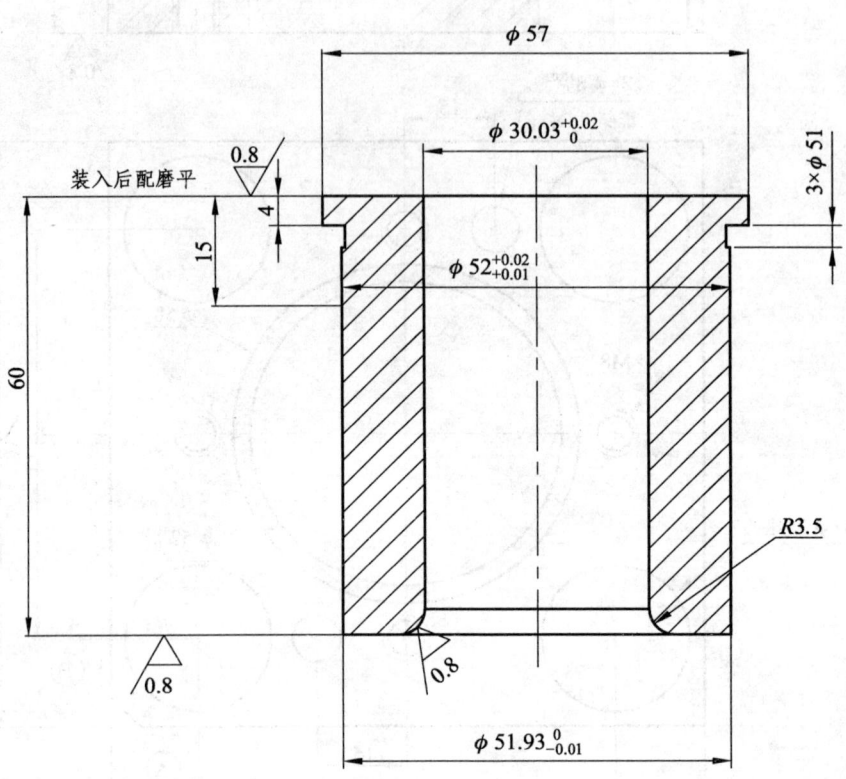

技术要求
1. 刃口锋利;
2. 热处理 HRC58~62;
3. 其他锐边倒钝;
4. 未注尺寸公差按 GB/T 1800.3—1998 IT12 级。

图 10.31　凹凸模零件图

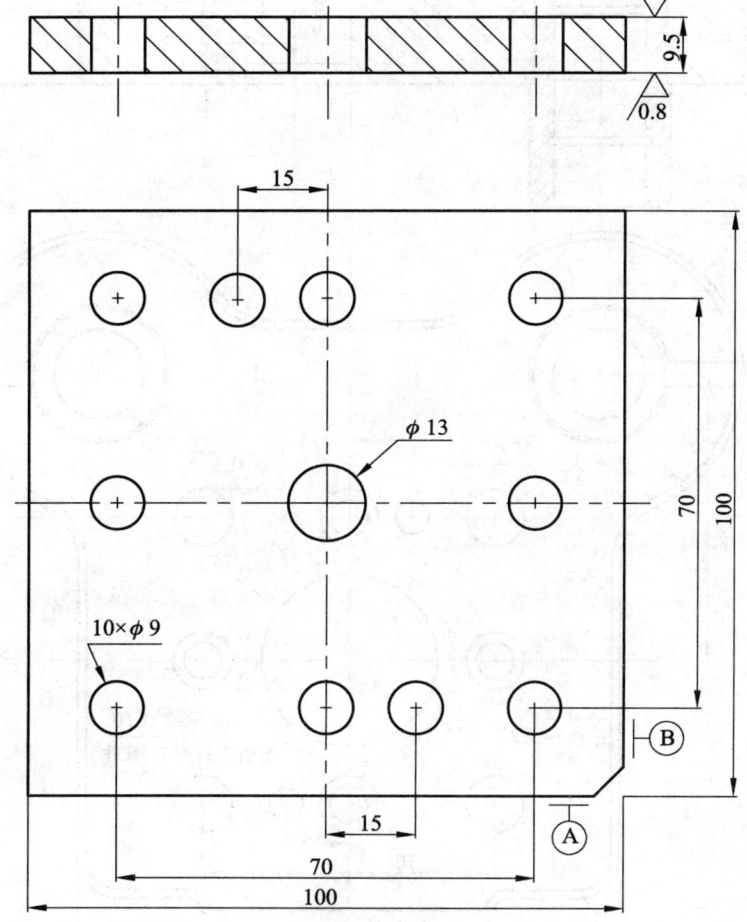

图 10.32 凹凸模垫板零件图

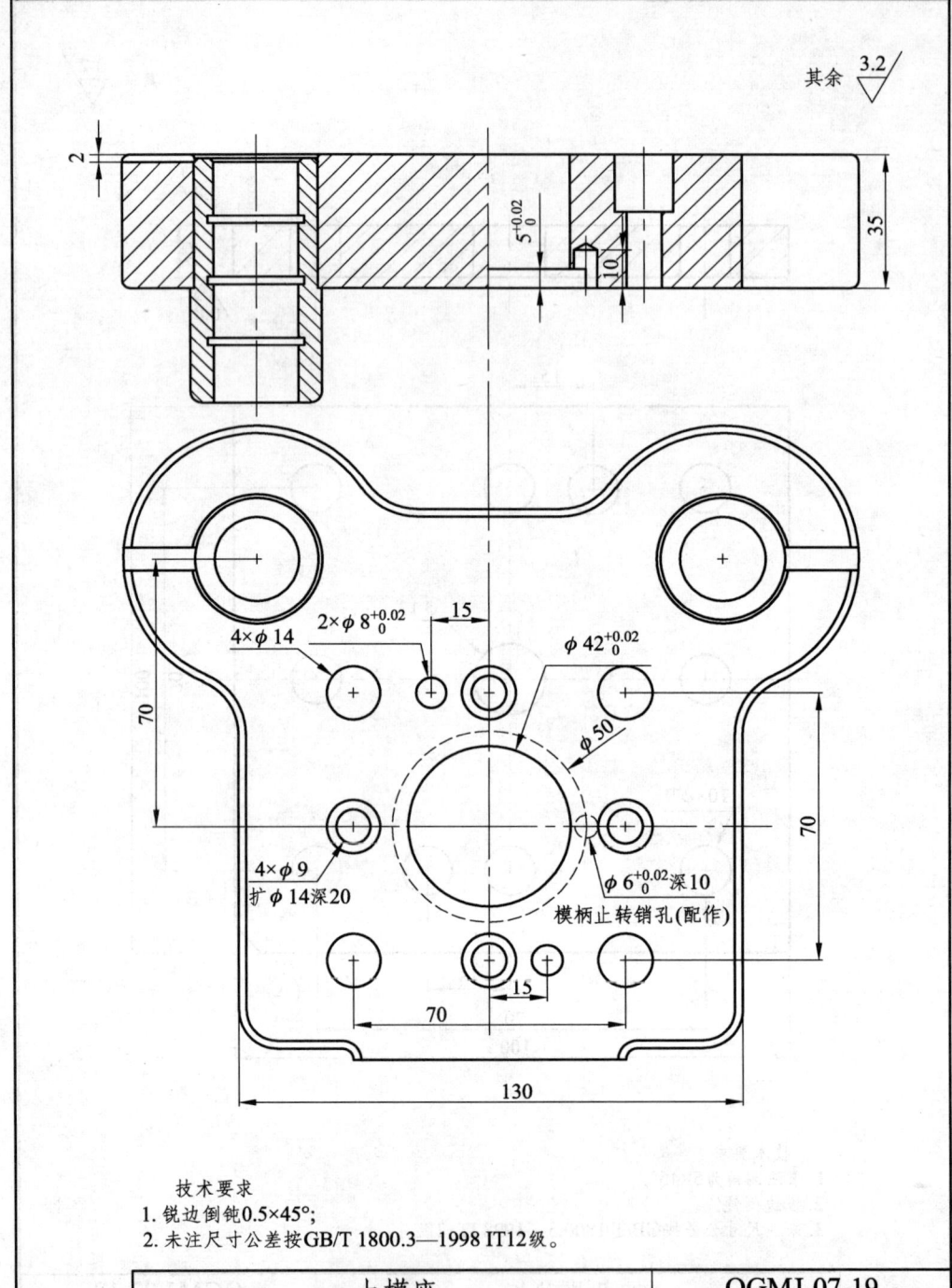

图 10.33 上模座零件图

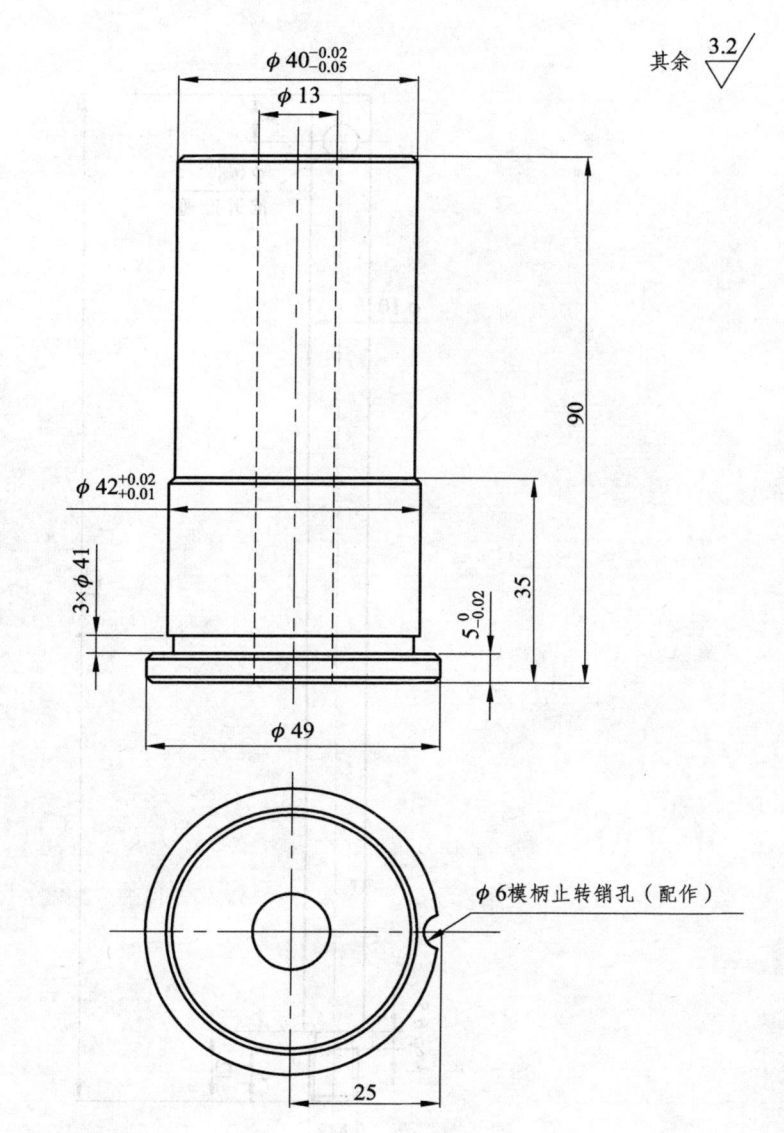

图 10.34 模柄零件图

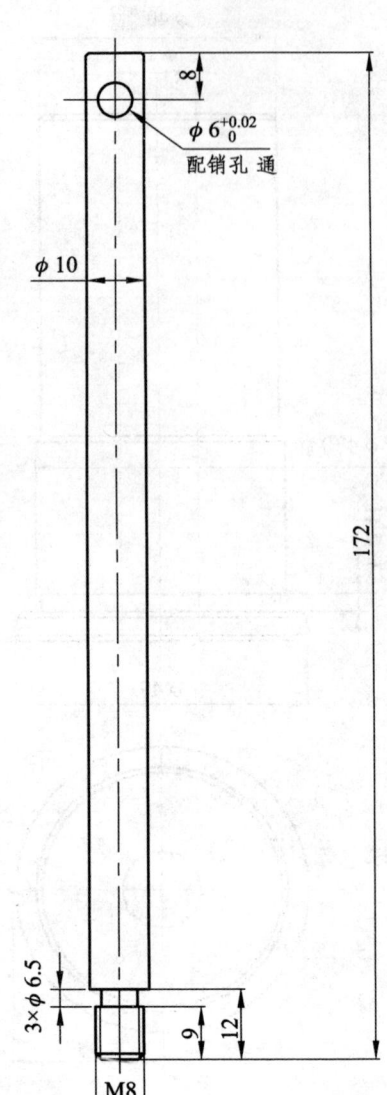

图 10.35 推杆零件图

其余 $\sqrt{3.2}$

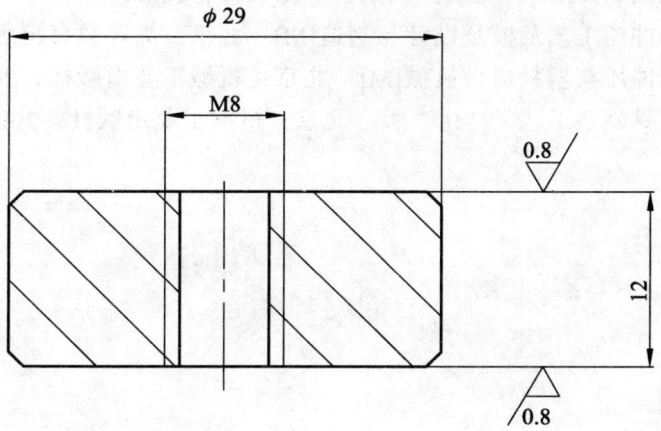

技术要求
1. 未注倒角为0.5×45°；
2. 锐边倒钝；
3. 未注尺寸公差按GB/T 1800.3—1998 IT12级。

推件块 盖帽落料拉深复合模				QGMJ-07-22	
				图样标记	共22张
制图		材料	45#		第22张
校对		比例	1:1	校 名	
审核		数量	1件		

图10.36 推杆块零件图

参考文献

[1] 赵孟栋. 冷冲模设计[M]. 2版. 北京：机械工业出版社，1999.
[2] 杜东福，苟文熙. 冷冲压模具设计[M]. 长沙：湖南科学技术出版社，1985.
[3] 李奇，朱江峰. 模具设计与制造[M]. 北京：人民邮电出版社，2008.
[4] 金大鹰. 机械制图[M]. 北京：机械工业出版社，2006.
[5] 韩森和. 冷冲压工艺及模具设计与制造[M]. 北京：高等教育出版社，2006.
[6] 欧圣雅. 冷冲压与塑料成型机械[M]. 北京：机械工业出版社，2012.
[7] 李云程. 模具制造工艺学[M]. 2版. 北京：机械工业出版社，2000.